建筑材料科普读物

POPULAR SCIENCE BOOK OF BUILDING MATERIALS

姚小林　李　立　冷发光　编著

中国建材工业出版社

图书在版编目(CIP)数据

建筑材料科普读物/姚小林,李立,冷发光编著
--北京:中国建材工业出版社,2021.9
ISBN 978-7-5160-3281-7

Ⅰ.①建… Ⅱ.①姚… ②李… ③冷… Ⅲ.①建筑材料—普及读物 Ⅳ.①TU5-49

中国版本图书馆 CIP 数据核字(2021)第 168573 号

内 容 简 介

本书以建筑材料的定义、分类和发展趋势为切入点,介绍了建筑材料的基本性质,包括石材、无机胶凝材料、混凝土与建筑砂浆、建筑钢材、防水材料、墙体材料、建筑玻璃与陶瓷、水泥制品、瓦、高分子材料、再生建筑材料等,最后对建筑材料发展趋势进行探讨。

本书定位为建材领域科普作品,语言风格简明扼要,内容上摒弃了高深的数学公式或者理论推导,图文并茂、通俗易懂,使之满足多层次读者的需要,力求让大众认识建筑材料,从而更好地推广和使用建筑材料,充分发挥建筑材料的价值和作用。

建筑材料科普读物

Jianzhu Cailiao Kepu Duwu

姚小林 李 立 冷发光 编著

出版发行:中国建材工业出版社
地 址:北京市海淀区三里河路 1 号
邮 编:100044
经 销:全国各地新华书店
印 刷:北京天恒嘉业印刷有限公司
开 本:710mm×1000mm 1/16
印 张:12
字 数:200 千字
版 次:2021 年 9 月第 1 版
印 次:2021 年 9 月第 1 次
定 价:118.00 元

前 言

　　能源、信息和材料被认为是现代国民经济的三大支柱，其中材料更是各行各业的基础，没有先进的材料，就没有先进的工业、农业和科学技术。历史学家曾将材料作为文明社会进步的标志，将人类历史划分为石器时代、陶器时代、青铜器时代、铁器时代等。其中，建筑材料作为人类社会生产和使用量最大的材料，涵盖水泥、混凝土、木材、石材、金属、砖瓦、玻璃、塑料和涂料等，广泛应用在住宅、厂房、桥梁、隧道、道路、港口、机场、铁路、核电和矿井等场合，不仅与所有人的生活、工作息息相关，更是决定着社会物质文明和经济的发展程度。

　　建筑材料尤其是用量最大的混凝土材料，从其原材料选择、配合比设计、生产和施工到服役全过程中，内在性质如可操作性（抑或工作性）、长期耐久性等无不体现着与其他材料不同的特点。现代混凝土材料不仅性能神奇，既要像人一样进行精细的养生（养护）和保健（维护），又能被随心所欲地塑造成任何形状，成为现代的高楼大厦、地铁设施、桥梁、核电设施、海洋建筑、军工设施甚至月球建筑；无论在功能上还是形态上，它们都可以全面满足人类的多重需求，由此成就了人类需求多样、质量要求高的现代物质文明。

　　本书以建筑材料的定义、分类和发展趋势为切入点，介绍了建筑材料的基本性质、建筑石材、无机胶凝材料、混凝土与建筑砂浆、建筑钢材、防水材料、墙体材料、水泥制品、瓦、合成高分子材料、再生建筑材料等，最后对建筑材料发展趋势进行探讨。本书为科普著作，语言简明扼要，内容浅显易懂，图文并茂，原则上摒弃高深的数学公式或者理论推导，使之满足多层次读者的需要，力求让大众认识建筑材料，从而更好地推广和使用建筑材料，充分发挥建筑材料的价值和作用。

　　本书主要内容是泸州市科学技术协会科普资源开发项目的研究成果，由姚小林、李立和冷发光等编著，冷发光统稿和定稿。另外，同事孙佳、王祖琦、霍胜旭、叶武平及硕士生关青锋、黄鹏宇都为本书的撰写、校对等做出了不同程度的贡献，在此一并表示诚挚的感谢！书中引用了一些教材、手册等资料，每章末均列出了参考文献，在此对相关资料的作者表示衷心感谢。对引用标记有遗漏处，敬请指正，我们修订时将予以更正和补充。

由于作者水平有限，书中定有不妥和疏漏之处，衷心希望广大读者给予批评和指正。

冷发光

2021 年 5 月于北京

目　录

1

绪　论

1.1　建筑材料的定义

建筑材料广义上是指建筑中使用的所有材料，是各种原材料、半成品、成品等的总称，主要包括：构成建筑物或构筑物本身的材料，如水泥、钢材、木材等；施工过程中所用到的材料，如模板、围墙、脚手架等；建筑设备所用的材料，如采暖设备、电气设备、消防器材等。

建筑材料狭义上是指直接构成建筑物和构筑物实体的材料，如混凝土、水泥、钢筋、黏土砖、玻璃等。本书中主要介绍狭义的建筑材料。

1.2　建筑材料的分类

1.2.1　按主要化学成分分类

建筑材料按主要化学成分分为无机材料、有机材料、复合材料三大类，见表1-1。

表1-1　建筑材料按主要化学成分分类

分类			实例
建筑材料	无机材料	金属材料	黑色金属	生铁、普通钢材、合金钢
			有色金属	铝、铜及其合金
		非金属材料	天然石材	砂、石及其制品
			烧土制品	烧结砖、瓦、陶瓷
			玻璃及其制品	普通平板玻璃、特种玻璃

分类			实例
无机材料	非金属材料	胶凝材料	气硬性：石灰、石膏及制品、水玻璃 水硬性：水泥
		混凝土及硅酸盐制品	混凝土、砂浆、各种硅酸盐制品
	有机材料	植物纤维	竹材、木材、植物纤维及其制品
		沥青材料	石油沥青、煤沥青、沥青制品
		合成高分子材料	塑料、涂料、胶粘剂、合成橡胶等
	复合材料	无机非金属材料与有机材料复合	玻璃纤维增强塑料、聚合物水泥混凝土、沥青混凝土
		金属材料与无机非金属材料复合	钢筋混凝土、钢纤维混凝土等
		金属材料与有机非金属材料复合	PVC 钢板、有机涂层铝合金板、轻金属夹心板

（注：左侧最外层为"建筑材料"）

1.2.2　按使用功能分类

建筑材料按使用功能可分为承重结构材料、围护结构材料、建筑功能材料三大类。

1. 承重结构材料

承重结构材料主要是指在建筑物中，需具备强度和耐久性的受力构件及结构所用的材料。如构成梁、板、柱、基础等部位的砖、石、钢材等。

2. 围护结构材料

围护结构材料主要是指在建筑物中，不仅要具备强度和耐久性，还需具备更好的保温隔热性能的材料。如构成墙体、门窗、屋面等部位的砖、砌块、板材等。

3. 建筑功能材料

建筑功能材料主要是指提高工程舒适性、适用性及美观效果的，具备某种特殊功能的建筑材料。如隔热、隔声、防水材料。

1.3　建筑材料的发展趋势

人类从远古的"穴居巢处""凿石成洞""伐木为棚"，到使用砖、瓦、石灰、石膏制成的砖石、砖木结构，到使用水泥、钢材制成的钢筋混凝土结构、钢结构，再到具有特殊功能的有机材料（绝热材料、吸声隔声材料、耐火防火材料、防水抗渗材料、防爆防辐射材料）的出现，建筑材料随着社会生产力的发展和科学技术水平的提高而逐步发展起来，反映了人类物质文明和精神文明的发展。

建筑工程中许多技术的突破往往依赖于建筑材料性能的改进和提高，各种形式的建筑材料为建造各种不同需求的建筑物和构筑物提供了保障，因此可以说建筑材料是建筑业的基础。为了适应我国建筑业发展的需求，建筑材料的发展有以下几个趋势：

（1）材料性能方面，提高材料的强度、降低材料的自重、研究多功能复合材料和耐久性强的材料；

（2）产品形式方面，建筑制品向预制化、单元化、大型化、构件化发展，构件尺寸日益增大；

（3）生产工艺方面，利用现代化的技术和手段，采用新技术和新工艺，提高产品质量；

（4）资源利用方面，既要设计和制造新材料，又要充分利用工农业废料、废渣；

（5）经济效益方面，降低材料消耗和能源消耗，发展可再生建筑材料和绿色建筑材料，走可持续发展的道路。

参考文献

［1］田卫明，段鹏飞．建筑材料选用与检测［M］．天津：天津大学出版社，2016．

［2］田卫明．建筑材料［M］．北京：北京航空航天大学出版社，2021．

［3］方晓青，郭红喜．建筑材料与检测［M］．长春：吉林大学出版社，2018．

2

建筑材料的基本性质

  建筑材料是构成土木工程的物质基础，各种建筑物都是由不同的材料经设计、施工、建造而成的。这些材料所处的环境、部位、使用功能的要求和作用不同时，对材料的性质要求也就不同。因此，材料必须具备相应的基本性质，如用于结构的材料要具有相应的力学性质，以承受各种力的作用。根据建筑工程的功能需要，还要求材料具有相应的防水、绝热、隔声、防火、装饰等性质，例如：地面材料应具有耐磨的性质；墙体材料应具有绝热、隔声的性质；屋面材料应具有防水的性质。建筑工程材料在长期的使用过程中，经受日晒、雨淋、风吹、冰冻和各种有害介质的侵蚀，因此，要求材料具有良好的耐久性。

  可见，材料的应用与其所具有的性质是密切相关的。建筑工程材料的基本性质主要包括物理性质、力学性质和耐久性。

2.1 材料的物理性质

  材料的物理性质包括四个方面：与质量有关的物理性质，如体积、密度、表观密度、堆积密度等；与体积有关的物理性质，如密实度与孔隙率等；与水有关的物理性质，即亲水性、憎水性、吸水性、吸湿性、耐水性、抗渗性、抗冻性；与热有关的物理性质，即导热性、热容、耐热性与耐火性。

2.1.1 与质量有关的物理性质

1. 体积

  自然界的材料，由于其孔隙的形状、数量和结构特征不同，导致其基本的物理性能有所差别。

  材料内部含有大量的孔隙（图 2-1），分为封闭孔隙（1）即 $V_闭$ 和开口孔隙（2）即 $V_开$。对堆积在一起的散粒颗粒材料而言，颗粒间还存在空隙即

V_s。因此，材料的总体积由三部分组成：固体体积 V、孔隙体积 $V_孔$ 及空隙体积 V_s。材料在不同状态下的单位体积不同，其密度也不同。

材料的总体积 (V_0)＝材料固体物质所占体积 (V)＋孔隙体积 $(V_孔)$＋空隙体积 (V_s)

孔隙体积 $(V_孔)$＝封闭孔隙体积 $(V_闭)$＋开口孔隙体积 $(V_开)$

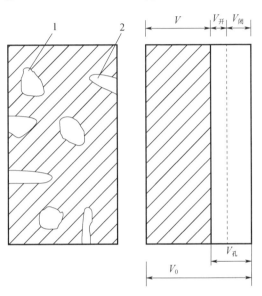

图 2-1　含孔材料体积构成示意图

1—封闭孔隙；2—开口孔隙

2. 密度

密度 (ρ) 的定义为材料在绝对密实状态下的质量除以体积。其计算式为

$$\rho = \frac{m}{V} \tag{2-1}$$

式中　ρ——实际密度，g/cm^3 或 kg/m^3；

m——材料在干燥状态下的质量，g 或 kg；

V——质量为 m 的材料所占有的绝对密实体积，cm^3 或 m^3。

绝对密实状态下的体积是指不包括孔隙在内的体积，即材料固体物质的体积 V。在建筑材料中，大多数材料都含有孔隙，如砖、石材等，一般采用排液法（李氏瓶法，也叫密度瓶法）测定其实际体积即绝对密实状态下的体积（测定时应把材料磨细至粒径小于 0.2mm 的细粉，以排除其孔隙。材料磨得越细，测得的密度值越精确）。少部分材料其体积接近绝对密实状态下的体积，如钢材、玻璃、金属等。对较密实的不规则的散状材料如砂、石等，则直接采用排水法测定其绝对密实状态下的体积的近似值。

3. 表观密度

表观密度（ρ'）的定义为材料在包含内部孔隙下（自然状态下）质量除以体积。表观密度一般是指材料长期在空气中干燥，即气干状态下的表观密度，既包括材料内的孔隙，又包括孔隙内所含的水分。在烘干状态下的表观密度，即只包括孔隙在内而不含有水分，称为干表观密度。其计算式为

$$\rho' = \frac{m}{V_b} \tag{2-2}$$

式中　ρ'——材料的表观密度，g/cm^3 或 kg/m^3；

　　　　m——材料在干燥状态下的质量，g 或 kg；

　　　　V_b——材料的表观体积，cm^3 或 m^3。

材料的表观体积是指包含封闭孔隙的体积。

4. 堆积密度

堆积密度（ρ_0）的定义为粉状、颗粒状及纤维状等材料在自然堆积状态下的质量除以体积。其计算式为

$$\rho_0 = \frac{m}{V_0} \tag{2-3}$$

式中　ρ_0——材料的堆积密度，g/cm^3 或 kg/m^3；

　　　　m——材料的质量，g 或 kg；

　　　　V_0——材料的堆积体积，cm^3 或 m^3。

材料在自然状态下的堆积体积包括材料的表观体积和颗粒（纤维）间的空隙体积，其数值与材料颗粒（纤维）的表观密度和堆积的密实程度有直接关系，同时受材料含水状态的影响。

2.1.2　与体积有关的物理性质

1. 密实度

密实度（D）指材料体积内被固体物质所充实的程度，也就是固体物质的体积占总体积的比率。密实度反映材料的致密程度，其计算式为

$$D = \frac{V}{V_0} = \frac{\dfrac{m}{\rho}}{\dfrac{m}{\rho_0}} \times 100\% = \frac{\rho_0}{\rho} \times 100\% \tag{2-4}$$

式中　D——材料的密实度，%；

　　　　ρ——材料的密度，g/cm^3 或 kg/m^3；

ρ_0——材料的表观密度，g/cm^3 或 kg/m^3；

m——材料在干燥状态下的质量，g 或 kg。

2. 孔隙率

孔隙率（P）指材料体积内孔隙体积占材料总体积的比率。孔隙率的计算式为

$$P = \frac{V_0 - V}{V_0} \times 100\% = \left(1 - \frac{V}{V_0}\right) \times 100\% = \left(1 - \frac{\rho_0}{\rho}\right) \times 100\% \qquad (2\text{-}5)$$

式中　P——材料的孔隙率，%；

ρ——材料的密度，g/cm^3 或 kg/m^3；

ρ_0——材料的表观密度，g/cm^3 或 kg/m^3；

m——材料在干燥状态下的质量，g 或 kg。

孔隙率与密实度的关系为

$$P + D = 1$$

对含有孔隙的固体材料，密实度均小于 1。

材料的密实度和孔隙率是从不同方面反映材料的密实程度的，通常采用孔隙率表示。

根据材料内部孔隙构造的不同，孔隙分为连通的和封闭的两种。连通的孔隙会影响材料与水有关的性质，如常见的毛细孔。封闭的孔隙会影响材料的保温隔热性能及耐久性。

2.1.3　与水有关的物理性质

1. 亲水性与憎水性

材料在空气中与水接触时，根据其能否被水润湿表现为亲水性与憎水性。

（1）亲水性。材料能被水润湿的性质，称为亲水性。材料产生亲水性的原因是其与水接触时，材料与水分子之间的亲和力大于水分子之间的内聚力。

（2）憎水性。当材料与水接触，材料与水分子之间的亲和力小于水分子之间的内聚力时，材料则表现为憎水性。

（3）润湿角。材料被水润湿的情况可用润湿角 θ 表示。当材料与水接触时，在材料、水、空气三相的交界点作沿水滴表面的切线，此切线与材料和水接触面的夹角 θ 称为润湿角，如图 2-2 所示。

θ 角越小，表明材料越易被水润湿。

当 $\theta < 90°$ 时，材料表面吸附水，材料因被水润湿而表现出亲水性。这种材料被称为亲水性材料，如砖、混凝土等。

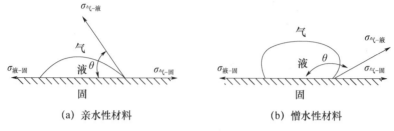

（a）亲水性材料　　　　　　　　（b）憎水性材料

图 2-2　材料的亲水性与憎水性示意图

当 $\theta>90°$ 时，材料表面不吸附水，表现出憎水性。这种材料被称为憎水性材料，如沥青、石油。

当 $\theta=0°$ 时，表明材料完全被水润湿。

上述概念也适用于其他液体对固体的润湿情况，相应称为亲液性材料和憎液性材料。

2. 吸水性与吸湿性

（1）吸水性。材料在水中能吸收水分的性质称为吸水性。材料的吸水性用吸水率表示，有质量吸水率与体积吸水率两种表示方法。

① 质量吸水率。材料在吸水饱和时，内部所吸水分的质量占材料干燥质量的分数即为质量吸水率，以％表示，用下式计算：

$$W=\frac{m_1-m_2}{m_2}\times100\%\tag{2-6}$$

式中　W——材料的质量吸水率，％；

$\quad m_1$——材料在吸水饱和状态下的质量，g；

$\quad m_2$——材料在干燥状态下的质量，g。

② 体积吸水率。材料在吸水饱和时，其内部所吸水分的体积占干燥材料自然体积的分数即为体积吸水率，以％表示，用下式计算：

$$W_0=\frac{m_1-m_2}{V_0}\times\frac{1}{\rho}\times100\%\tag{2-7}$$

式中　W_0——材料的体积吸水率，％；

$\quad V_0$——干燥材料在自然状态下的体积，cm^3；

$\quad \rho$——水的密度，g/cm^3。

材料吸水性不仅取决于材料是亲水性或憎水性，还与其孔隙率的大小及孔隙特征有关。对封闭孔隙，水分不易渗入；对粗大孔隙，水分只能润湿表面而不易在孔内存留。故在相同孔隙率的情况下，材料内部的粗大孔隙、封闭孔隙越多，吸水率越小；材料内部细小孔隙、连通孔隙越多，吸水率越大。

在建筑材料中，多数情况下采用质量吸水率来表示材料的吸水性。各种材料由于孔隙率和孔隙特征不同，质量吸水率也不同。材料的吸水性会对其性质产生不利影响。如材料吸水后，其质量增加，体积膨胀，导热性增大，强度和耐久性下降。

材料吸水率是试件经浸水饱和后按标准方法测定的。如果试件处于自然含水状态，这样测得的水的质量与材料在干燥状态下的质量之比不是吸水率，而是含水率，两者不能混淆。

（2）吸湿性。材料在潮湿空气中吸收水分的性质称为吸湿性。潮湿材料在干燥的空气中放出水分的性质，称为含湿性。材料的吸湿性用含水率表示。含水率指材料内部所含水的质量占材料干燥质量的分数，以％表示，用式（2-8）计算表示：

$$W_含 = \frac{m_含 - m_干}{m_干} \times 100\%$$ (2-8)

式中 $W_含$——材料的含水率，％；

   $m_含$——材料含水时的质量，g；

   $m_干$——材料干燥至恒量时的质量，g。

材料的吸湿性与空气的温度和湿度有关。当空气湿度较高且温度较低时，材料的含水率就大；反之则小。影响材料吸湿性的因素，以及材料吸湿后对其性质的影响，均与材料的吸水性的情况相同。

3. 耐水性

耐水性是指材料长期在水的作用下，保持其原有性质的能力。一般材料遇水后，强度都有不同程度的降低。材料的耐水性用软化系数表示，按式（2-9）计算：

$$K_软 = \frac{f_饱}{f_干}$$ (2-9)

式中 $K_软$——材料的软化系数，％；

   $f_饱$——材料在吸水饱和状态下的抗压强度，MPa；

   $f_干$——材料在干燥状态下的抗压强度，MPa。

材料的软化系数 $K_软$ 在 0～1 之间变化，其值表明材料浸水饱和后强度下降的程度。$K_软$ 越大，表明材料吸水饱和后其强度下降得越小，其耐水性越强；反之则耐水性越差。$K_软$ 是选择建筑材料的重要依据，经常位于水中或受潮严重的重要结构物，应选用 $K_软 \geq 0.85$ 的材料；受潮较轻的或次要结构物，应选用 $K_软 \geq 0.75$ 的材料。

4. 抗渗性

抗渗性是指材料抵抗压力水或其他液体渗透的性能。建筑工程中许多材料常含有孔隙、空洞或其他缺陷。当材料两侧的水压差较高时，水可能从高压侧通过材料内部的孔隙、空洞或其他缺陷渗透到低压侧。这种压力水的渗透，会影响使用，而且渗入的水还会带入腐蚀性介质或将材料内的某些成分带出，造成材料的破坏。材料的抗渗性是决定工程耐久性的重要因素。

5. 抗冻性

抗冻性是指材料在吸水饱和状态下，能经受多次冻结和融化作用（冻融循环）而不被破坏，强度也无显著降低的性能。

材料抗冻性的好坏取决于材料吸水饱和程度、孔隙形态特征和抵抗冻胀应力的能力。如果孔隙充水不多，远未达到饱和，有足够的自由空间，即使冻胀也不致产生破坏应力。

材料的抗冻性主要与孔隙率、孔隙特性、抵抗胀裂的强度等有关，工程应用中需从这些方面改善材料的抗冻性。

2.1.4 与热有关的物理性质

为了保证建筑物具有良好的室内环境，降低建筑物的使用能耗，建筑材料必须具有一定的热工性质。建筑材料常用热工性质有导热性、比热容等。

1. 导热性

材料传导热量的性能称为导热性。材料的导热性用导热系数表示。导热系数的物理意义：单位厚度（1m）的材料，当两个相对侧面温差为 1K 时，在单位时间（1s）内通过单位面积（1m²）的热量。

其计算公式为式（2-10）：

$$\lambda = \frac{Qa}{At\ (T_2 - T_1)} \tag{2-10}$$

式中　λ——材料的导热系数，W/（m·K）；

　　Q——传导的热量，J；

　　a——材料厚度，m；

　　A——材料的传热面积，m²；

　　t——传热时间，s；

$T_2 - T_1$——材料两侧温度差，K。

导热系数越小，材料的绝热性能越好。各种建筑材料的导热系数差别很大，在 0.035～3.5W/（m·K）。

影响材料导热性的因素有材料的成分、孔隙率、内部孔隙构造、含水率、导热时的温度等。一般无机材料的导热系数大于有机材料；材料的孔隙率越大，导热系数越小；同类材料的导热系数随体积密度的减小而减小；微细而封闭孔隙组成的材料，其导热系数小；粗大而连通的孔隙组成的材料，其导热系数大；材料的含水率越大，导热系数越大；大多数建筑材料（金属除外）的导热系数随温度升高而增大。材料的导热系数越小，绝热性能越好。

2. 比热容

材料加热时吸收热量、冷却时放出热量的性质，称为热容量。热容量用比热容 c 表示。1g 材料温度升高或降低 1K 时，所吸收或放出的热量称为比热容。

其计算公式为式（2-11）：

$$c = \frac{Q}{m\ (T_2 - T_1)} \tag{2-11}$$

式中　　c——材料的比热容，J/（g·K）；

　　　　Q——材料吸收或放出的热量，J；

　　　　m——材料的质量，g；

$T_2 - T_1$——材料升温或降温前后的温度差，K。

比热容大的材料，能吸收或储存较多热量，能在热变流动或采暖设备供热不均匀时缓和室内的温度波动。材料中比热容最大的是水，比热容（c）= 4.19J/（g·K）。工程中的墙体、屋面或房屋等与外界直接接触的构件，常采用比热容大的材料，以便长时间保持房间温度的稳定性。不同材料的比热容不同，同种材料在不同环境下的比热容也不同。材料的比热容对保证建筑物内部温度的稳定性意义很大。

3. 热变形性

材料随温度的升降而产生热胀冷缩变形的性质，称为材料的热变形性，习惯上称为温度变形。材料的单向线膨胀量或线收缩量计算公式为式（2-12）：

$$\Delta L = (T_2 - T_1)\ \alpha L \tag{2-12}$$

式中　　ΔL——线膨胀或线收缩量，mm 或 cm；

$T_2 - T_1$——材料升温或降温前后的温度差，K；

　　　　α——材料在常温下的平均线膨胀系数，K^{-1}；

　　　　L——材料原来的长度，mm 或 cm。

线膨胀系数越大，表明材料的热变形性越大。在建筑工程中，对材料的温度变形往往只考虑某一单向尺寸的变化，因此，研究材料的平均线膨胀系数具有重要意义，应选择合适的材料以满足工程对温度变形的要求。

4. 耐燃性与耐火性

材料的耐燃性是指材料在火焰和高温作用下可否燃烧的性质。我国相关规范把材料按照耐燃性分为非燃烧材料、难燃烧材料和可燃烧材料三类。

一般非燃烧材料有钢铁、砖、石等；难燃烧材料有纸面石膏板、水泥刨花板等；可燃烧材料有木材、竹材等。在现实工程中，应依据建筑物不同部位的使用特点和重要性选择不同耐燃性的材料。

2.2 材料的力学性质

1. 材料的强度

材料抵抗因外力（荷载）作用而引起破坏的最大能力称为强度。

当材料承受外力作用时，内部就产生应力。随着外力的逐渐增大，应力也相应增大。直至材料内部质点间的作用力不能再抵抗这种应力时，材料即被破坏，此时的极限应力值就是材料的强度。

根据外力作用方式的不同，材料强度有抗拉、抗压、抗剪和抗弯（抗折）强度等。材料受力示意图见图 2-3。

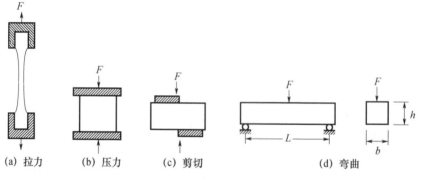

(a) 拉力   (b) 压力   (c) 剪切   (d) 弯曲

图 2-3　材料受力示意图

在实验室一般采用破坏试验法测试材料的强度。按照国家标准规定的试验方法，将制作好的试件安放在材料试验机上，施加外力（荷载），直至其被破坏。然后根据试件尺寸和破坏时的荷载值，计算材料的强度。

材料的抗弯强度与试件受力情况、截面形状及支承条件有关。通常采用的测试方法是将矩形截面的条形试件放在两个支点上，中间作用一集中荷载。

材料的强度主要取决于它的组成和结构。一般来说，材料孔隙率越大，强度越低。另外，不同的受力形式或不同的受力方向下，强度不相同。

影响材料强度试验结果的因素有：

（1）试件的形状和大小：一般情况下，棱柱体试件的强度低于同样尺度的正方体试件的强度，试件大的强度低于试件小的强度。

（2）含水状况：含有水分的试件强度低于干燥试件的强度。

（3）表面状况：表面摩擦力大的试件强度高于表面摩擦力小的试件强度。

（4）温度：一般温度升高强度将降低，如沥青、混凝土。但钢材在温度下降到某一负温时，其强度会突然下降很多。

（5）加荷速度：一般试验时，加荷速度越快，所测试件的强度越高。

对以力学性质为主要性能指标的材料，通常按其强度的高低划分为若干个强度等级或强度标号，便于工程上设计和施工选用。

脆性材料如水泥、混凝土、砖、砂浆等主要以抗压强度划分强度等级，而塑性材料如钢材主要以抗拉强度划分强度等级。强度等级是人为划分的，是不连续的，如普通硅酸盐水泥按 3d、28d 的抗压强度划分为 42.5MPa、52.5MPa、62.5MPa 等强度等级。建筑材料按强度划分等级对生产者和使用者均有重要意义，便于合理选用材料、正确进行设计和控制工程施工质量。

2. 材料的比强度

为了对不同材料的强度进行比较，可采用比强度这一指标。比强度反映材料单位体积质量的强度，其值等于材料的强度除以其表观密度，是衡量材料轻质高强性能的指标。如木材的强度低于混凝土，但其比强度高于混凝土，说明木材与混凝土相比是典型的轻质高强材料。在工程中，优质的结构材料，要求具有较高的比强度。选用比强度高的材料或者提高材料的比强度，对增加建筑物高度、减轻结构自重、降低工程造价等具有重大意义。

3. 材料的弹性

材料在外力作用下产生变形，若除去外力后变形随即消失并能完全恢复原来形状的性质称为弹性。这种可恢复的变形称为弹性变形。

材料在外力作用下产生变形，除去外力后仍保持变形后的形状和尺寸，并且不产生裂缝的性质称为塑性。不能消失（恢复）的变形称为塑性变形。

在实际工程中，完全的弹性材料或完全的塑性材料是不存在的，大多数材料的变形既有弹性变形又有塑性变形。例如，建筑钢材在受力不大的情况下，仅产生弹性变形；受力超过一定限度后产生塑性变形。

4. 材料的脆性

在外力作用下，当外力达到一定限度后，材料无显著的塑性变形而突然破坏的性质称为脆性。在常温、静荷载下具有脆性的材料称为脆性材料。如混凝土、砖、石、陶瓷等。

脆性材料的抗压强度常比抗拉强度高得多，对抵抗冲击、承受振动荷载非常不利。

5. 材料的韧性

在冲击、振动荷载作用下，材料能够吸收较多的能量，同时也能产生一定的变形而不致破坏的性质称为韧性或冲击韧性。韧性材料有建筑钢材、木材、塑料等。路面、桥梁等受冲击、振动荷载及有抗震要求的结构工程中要求考虑材料的韧性。

6. 材料的硬度

硬度是材料表面能抵抗其他较硬物体压入或刻划的能力。材料的硬度越高，则其强度越高。不同材料的硬度采用不同的测定方法。

硬度的测定方法有以下两种：

（1）划痕法：划痕法以莫氏硬度表示，共 10 级。其硬度递增的顺序为滑石（1）、石膏（2）、方解石（3）、萤石（4）、磷灰石（5）、正长石（6）、石英（7）、黄玉（8）、刚玉（9）、金刚石（10）。陶瓷、玻璃等脆性材料的硬度常用划痕法测定。

（2）压入法：压入法是以一定的压力将一定规格的钢球或金刚石制成尖端压入试样表面，依据压痕的面积或深度测定其硬度。常用布氏法、洛氏法、维氏法，相应地用布氏硬度、洛氏硬度、维氏硬度表示。木材、金属等韧性材料的硬度常用压入法测定。

7. 材料的耐磨性

耐磨性是指材料表面抵抗磨损的能力。磨损率越大，材料的耐磨性越差。

一般强度较高且密实的材料，其硬度较高，耐磨性较好。在工程中，一般道路路面、地面、踏步区等部位的材料应考虑耐磨性。

2.3 材料的耐久性

材料的耐久性是指材料在使用过程中能长久保持其原有性质的能力。材料在使用过程中除受到各种外力的作用外，还经常受到周围环境中各种因素的破坏作用，这些作用包括物理作用、化学作用、生物作用等。

物理作用包括温度、湿度的变化及冻融循环等，主要使材料体积发生胀缩，长期或反复作用会使材料逐渐破坏。

化学作用包括大气和环境水中的酸、碱、盐等溶液或其他有害物质对材料的侵蚀作用，以及日光、紫外线等对材料的作用，使材料逐渐变质而破坏。

生物作用包括菌类、昆虫等的侵害作用，导致材料发生腐朽、虫蛀等而破坏。

材料的耐久性是一项综合性能，包括强度、抗冻性、抗渗性、对大气的稳定性、耐化学侵蚀性等。不同材料的耐久性往往有不同的具体内容，例如：钢材的耐久性，主要取决于抗锈蚀性；沥青的耐久性，主要取决于其对大气的稳定性和对温度的敏感性；混凝土的耐久性，主要取决于其抗渗性、抗腐蚀性及抗碳化性等。

各种材料耐久性的具体内容，因其组成和结构不同而异。只有深入了解并掌握建筑材料耐久性的本质，从材料、设计、施工、使用各方面共同努力，才能保证建筑物的耐久性。提高材料的耐久性，对节约建筑材料、保证建筑物长期正常使用、延长建筑物使用寿命具有十分重要的意义。

1. 影响材料耐久性的因素

（1）材料在使用过程中承受的各种外力作用。

（2）材料的周围环境及自然因素的破坏作用，主要包括物理作用如材料的干湿变化、温度变化、冻融变化等；化学作用如酸、盐、碱的水溶液及气体对材料的侵蚀作用；生物作用如昆虫、菌类等对材料的蛀蚀、腐朽等破坏作用。

（3）材料内部因素。主要指材料的化学组成、结构和构造特点。

2. 提高材料耐久性的措施

依据材料的使用情况和材料特点，可采取以下措施延长建筑物的使用寿命和减少维修费用。

（1）减小大气或周围环境对材料的破坏作用，如降低湿度、排除侵蚀性物质。

（2）提高材料本身对外界的抵抗能力，如提高材料的密实度、采取防腐措施。

（3）采用其他材料保护，如在材料外表面覆面、抹灰、刷涂料等。

参考文献

［1］田卫明，段鹏飞．建筑材料选用与检测［M］．天津：天津大学出版社，2016.

［2］田卫明．建筑材料［M］．北京：北京航空航天大学出版社，2021.

［3］方晓青，郭红喜．建筑材料与检测［M］．长春：吉林大学出版社，2016.

［4］王铁三．建筑材料［M］．西安：西安电子科技大学出版社，2013.

3

建筑石材

由岩石加工而成的建筑材料称为石材。天然岩石蕴藏量丰富，便于就地取材，材质具有较高的抗压强度、良好的耐久性和耐磨性，被广泛用于砌筑房屋、城墙、桥涵、护坡、沟渠与隧道衬砌等，是最古老的建筑材料之一。大理石、花岗石等品种经加工后还可获得独特的装饰效果，作为高级饰面材料，颇受人们欢迎。天然岩石经自然风化或人工破碎而得的卵石、碎石、砂等，被大量用作混凝土的集料，是混凝土的主要组成材料之一。

3.1 石材的分类

岩石一般按其成因分为岩浆岩、沉积岩和变质岩三大类。

1. 岩浆岩

岩浆岩是组成地壳的主要岩石，占地壳总量的89%。地壳深处的岩浆在地壳运动引起的压力作用下，上升到地表附近或喷出地表冷却凝固形成岩浆岩，也被称为火成岩。

根据岩浆岩中 SiO_2 含量的高低，可将岩浆岩分为酸性岩、中性岩、基性岩、超基性岩等。

根据岩浆岩的形成过程，可将岩浆岩分为侵入岩（深成岩、浅成岩）和喷出岩（火山岩）等。例如，花岗岩为酸性深成岩，玄武岩为基性喷出岩。

2. 沉积岩

沉积岩占地壳总量的5%，在地壳表层呈层状广泛分布，分布面积占地表面积的75%。

沉积岩又称水成岩，是由露出地表的各种岩石（母岩）经自然风化、风力搬迁、流水冲移等地质作用后沉淀堆积，经过压固、脱水、胶结及重结晶等成岩作用，在地表及离地表不太深处形成的坚硬岩石。

根据沉积岩的生成条件，可将沉积岩分为机械沉积岩（如砂岩）、化学沉积岩（如菱镁矿、石膏岩）、生物沉积岩（如石灰岩）等。

与岩浆岩相比，沉积岩的表观密度较低、密实度较低、吸水率较大、强度较低、耐久性较差。

3. 变质岩

在地壳演变过程中，原有的岩浆岩、沉积岩受到高温、高压及化学成分加入的影响，在固体状态下，发生一系列剧烈变化，产生熔融再结晶作用而形成新的岩石，称为变质岩。变质岩也可继续发生变质作用形成新的变质岩。

根据变质作用的成因与类型，变质岩可分为区域变质岩（如石英岩、大理岩）、接触变质岩（如部分大理岩）和动力变质岩（如构造角砾岩）等。

3.2 石材的性质

1. 物理性质

（1）真实密度。石材的真实密度简称密度，是石材在干燥和绝对密实状态下所具有的质量除以体积。

（2）相对密度。石材的相对密度是指固体部分（不含孔隙）的密度与水在4℃时的比值，约为2.65，有的石材可高达3.3。

（3）毛体积密度。石材的毛体积密度是石材（含实体矿物及不吸水的闭口孔隙、能吸水的井口孔隙在内的体积）的质量除以体积，也称容积密度。

（4）表观密度。石材的表观密度是质量除以体积。致密的石材，其表观密度接近于密度，为 $2500\sim3100kg/m^3$，而孔隙率较大的石材，其表观密度为 $500\sim1700kg/m^3$。

（5）饱和面干密度。石材的饱和面干密度是在规定的饱和面干条件下质量除以体积。

（6）堆积密度。石材的堆积密度是粒状石材装填于容器中的质量除以体积。由于颗粒排列的松紧程度不同，石材的堆积密度分为松堆积密度、振实密度和捣实密度。

（7）重度。重度是石材试件的重力（含孔隙中水的重力）除以体积（含空隙体积）。

石材孔隙中完全没有水存在时的重度称为干重度。石材中的孔隙全部被水充满时的重度称为饱和重度。

（8）空隙性。石材的空隙包括孔隙和裂隙。石材的空隙性是孔隙性和裂隙性的总称，用空隙率、孔隙率、裂隙率表示其发育程度。

石材的孔隙率（或称孔隙度）是指石材中孔隙（含裂隙）的体积与石材总体积之比值，以百分数表示。

（9）耐热性（耐火性）。石材的耐热性与其化学成分及矿物组成有关。含有石膏的石材，在100℃时就开始破坏；含有碳酸镁的石材，温度高于725℃时则会发生破坏；含有碳酸钙的石材，温度达827℃时开始破坏。

由石英与其他矿物所组成的结晶石材如花岗岩等，当温度达到700℃以上时，由于石英受热发生膨胀，强度会迅速下降。

2. 水理性质

为了方便起见，我们把石材与水作用时所表现的性质，如吸水性、耐水性（软化性）、抗冻性、透水性、溶解性等，统称为石材的水理性质。

（1）吸水性。石材的吸水性常以吸水率、饱水率两个指标表示。吸水率（W_1）是指在常压下石材的吸水能力，为石材所吸水分的质量与干燥石材质量之比，以百分数表示。

饱水率（W_2）指在高压（15MPa）或真空条件下石材的吸水能力，为石材所吸水分的质量与干燥石材质量之比，以百分数表示。

石材的吸水率与饱水率的比值称为饱水系数，其大小与石材的抗冻性有关，一般认为饱水系数小于0.8的石材是抗冻的。

（2）耐水性（软化性）。耐水性（软化性）指石材在水的作用下，强度和稳定性降低的性质，常以软化系数表达。软化系数等于饱水状态下的极限抗压强度与风干状态下极限抗压强度的比值，用小数表示。

（3）抗冻性。石材在饱水状态下能经受多次冻融循环而不破坏，同时也不严重降低强度的性质称为抗冻性。通常，在−15℃的温度冻结后，再在20℃的水中融化，这样的过程称为一次冻融循环。抗冻性常用冻融循环的次数表示。

（4）透水性。石材的透水性指石材允许水通过的能力，用渗透系数表示。

（5）溶解性。石材的溶解性指石材溶解于水的性质，常用溶解度或溶解速度表示。

石材的水理性质仍然是由加工这种石材所用的岩石原料决定的。

3. 力学性质

（1）变形性。石材在外力作用下，内部应力状态发生变化，使各质点位置改变而引起石材形状和尺寸的改变，称为变形。石材的变形可分为弹性变形和塑性变形。

（2）强度。石材抵抗外力破坏的能力以强度表示。石材受外力的作用而破坏有压碎、拉断和剪断等形式。石材的强度可分为抗压、抗拉和抗剪强度。石材的抗压强度以边长为 70mm 的立方体试块的抗压强度的平均值表示。

（3）冲击韧性。石材抵抗多次连续重复冲击荷载作用的性能称为冲击韧性，可用石材冲击值表示。它是通过石材冲击试验测定的。

（4）硬度。石材的硬度以莫氏硬度或肖氏硬度表示。石材的硬度与抗压强度有很好的相关性，一般抗压强度高，其硬度也高。石材的硬度越高，其耐磨性和抗刻划性能就越好，但表面加工越困难。

（5）耐磨性。耐磨性是指石材在使用条件下抵抗摩擦、边缘剪切及冲击等复杂作用的性质，用单位面积磨耗量表示。

（6）抗磨光性。石材的抗磨光性可用磨光值（简称 PSV）表示。它是通过磨光值试验来测定的。磨光值越高，表示其摩擦系数越大，抗滑性越好。

（7）石材压碎值。石材压碎值是粒状石材在连续增加的荷载下抵抗压碎的能力，是通过石材压碎值试验测定的。

3.3　石材的加工、选用和防护

3.3.1　石材的加工类型

1. 砌筑石材

（1）砌筑石材的类型。常用砌筑石材的原料主要有花岗岩、石灰岩、白云岩、砂岩等。根据加工程度的不同，可以分为以下类型：

① 毛石（图 3-1）。毛石又称片石或块石，是由爆破直接得到的石块，按其表面的平整程度分为乱毛石和平毛石两类。乱毛石是形状不规则的毛石，一般在一个方向的尺寸达 300～400mm。平毛石是乱毛石略经加工而成的石块，形状较整齐，表面粗糙，其中部厚度不应小于 200mm。

② 料石（图 3-2）。料石又称条石，是由人工或机械开采的较规则的并略加凿琢而成的六面体石块。料石根据其表面加工的平整程度可分为毛料石、粗料石、半细料石和细料石。料石常用致密的砂岩、石灰岩、花岗岩等开采凿制，至少应有一个面的边角整齐，以便砌筑。料石常用于砌筑墙身、地坪、踏步、拱和纪念碑等；形状复杂的料石制品可用作柱头、柱基、窗台板、栏杆和其他装饰等。

（2）工程对砌筑石材的要求。为保证工程质量，工程中对砌筑石材提出

图 3-1 毛石

图 3-2 料石

了相应的基本要求。

① 土木工程对砌筑石材尺寸规格的要求。常用的砌筑石材有毛石和料石。毛石为不规则形，但毛石的中间厚度不小于 15cm，至少有一个方向的长度不小于 30cm。平毛石应有两个大致平行的面。料石的宽度和厚度均不宜小于 20cm，长度不宜大于厚度的 4 倍，形状应大致呈六面体。

② 对石材抗压强度的要求。根据边长为 70mm 的立方体试件的抗压强度，砌筑石材的强度等级分为 MU10、MU15、MU20、MU30、MU40、MU50、MU60、MU80、MU100 共 9 个等级。当试件为非标准尺寸时，应按规定进行换算。工程用石材的抗压强度必须满足设计等级的要求。

③ 对石材耐水性的要求。处于水中的重要结构物必须用高耐水性石材，其软化系数 $K_软$ 应大于 0.9。水中的一般结构物，可以使用中耐水性石材，其软化系数 K_R 为 0.7～0.9。只有不常遇水的结构才可使用低耐水性的、软化系数 K_R 为 0.6～0.7 的石材。

④ 对石材抗冻性的要求。试件在规定的冻融循环次数内无穿过试件两棱角的贯穿裂纹，质量损失不超过 5%，强度降低不大于 25% 的石材方为合格。一般要求大、中型桥梁和水利工程的结构物表面石材的抗冻融次数大于 50 次，其他室外工程表面石材的抗冻融次数大于 25 次。

对有特殊要求的工程，石材还需具有耐磨性、吸水性或抗冲击性。

2. 装饰石材

装饰石材主要是指用于工程中各部位的装饰性板材和块材。用致密岩石凿平或锯解而成的厚度一般为 20mm 的石材称为板材。园林小品、室内摆设多用太湖石、山水石（浙江一带出产）和宣石、英德石（广东、福建一带出产）。这类石材造型奇特、千姿百态，是一种高档装饰品。堆砌假山可用普通石材、太湖石、猴头石（蓟县、遵化一带出产）等。最常用的建筑装饰用石材是天然大理石和天然花岗石。

建筑中常用的大理石板材除用大理岩加工，还有用砂岩、石英岩和致密的石灰岩加工的饰面板材。图 3-3 是广场铺装用天然石材，图 3-4 是天然石材路障。

图 3-3　广场铺装用天然石材

图 3-4　天然石材路障

3．颗粒状石材

（1）碎石。如图 3-5 所示，碎石是天然岩石经人工或机械破碎而成的粒径大于 5mm 的颗粒状石材。其性质取决于母岩的品质，主要用于配制混凝土或作道路、基础等的垫层。

图 3-5　碎石

（2）卵石。如图 3-6 所示，卵石是母岩经自然条件风化、磨蚀、冲刷等作用而形成的表面较光滑的颗粒状石材。其用途同碎石，还可作为装饰混凝土（如露石混凝土等）的集料和园林庭院地面的铺砌材料等。

图 3-6 卵石

（3）石碴。石碴用天然大理石与花岗石等石材的残碎料加工而成，具有多种颜色和装饰效果，可作为人造大理石、水磨石、斩假石、水刷石等的集料，还可用于制作粘石制品。图 3-7 是由石碴制得的水磨石。

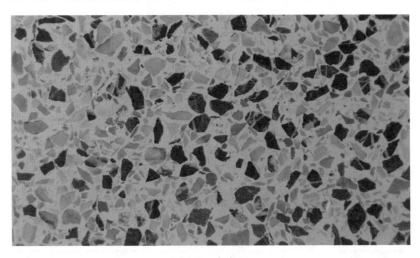

图 3-7 水磨石

4. 防护石材

石材的一个重要用途是作为防护石材用于海防和防波堤建筑中。这样的建筑工程需用大量石材，通常尺寸很大（所用石块质量可达 20t），因此必须靠近资源地就地取材。天然石材的强度和耐久性在这种情况下是很重要的。

5. 用作填料的石材

填料是指用于修建房屋、道路或公路的具有某种功能的黏结粒状材料。天然岩石是最重要的填料来源。坚硬、结实和耐久是填料非常重要的特性。

3.3.2　石材的选用原则

建筑工程选用天然石材时，应根据建筑物的类型、使用要求和环境条件，再结合地方资源进行综合考虑。所选石材应满足适用性、经济性、安全性和美观性等几个方面的要求。

1. 适用性

适用性是指在选用建筑石材时，应针对石材在建筑物中的用途和部位，选定其主要技术性质能满足要求的岩石。如承重用的石材（基础、勒脚、柱、墙等）主要应考虑其强度等级、耐久性、抗冻性等技术性能；围护结构用的石材应考虑其是否具有良好的绝热性能；用作地面、台阶等的石材应坚韧耐磨；装饰用的构件（饰面板、栏杆、扶手等）需考虑石材本身的色彩与环境的协调性及可加工性等；饰面用石材，其主要技术要求是尺寸公差、表面平整度、光泽度和外观无缺陷等，而强度及其他物理力学性能则不做规定或仅供参考；对要求耐磨、耐酸等专用石材，应分别就其耐磨、耐酸等性能，提出具体的要求；对处在高温、高湿、严寒等特殊条件下的构件，还应分别考虑所用石材的耐久性、耐水性、抗冻性及耐化学侵蚀性等。

2. 经济性

由于天然石材自重大，开采运输不方便，不宜长途运输，故应综合考虑地方资源，尽可能做到就地取材，以缩短运距，降低成本。同时，天然岩石一般质地坚硬，雕琢加工困难，加工费工耗时，成本高。

3. 安全性

若岩石放射性超过国家相关标准规定，则不可以使用。

4. 美观性

石材装饰讲究与建筑环境相协调，其中，色彩相融性和装饰效果尤为重要，主要取决于所选石材的颜色与纹理等。

3.3.3　石材的防护

天然石材在长期使用过程中，受到周围自然环境因素的影响（如水分的浸渍与渗透，空气中有害气体的侵蚀及光、热或外力的作用等），产生物理变化和化学变化，发生风化而逐渐破坏。风化的速度取决于造岩矿物的性质及岩石本身的结构和构造。另外，寄生在岩石表面的苔藓和植物根部的生长对岩石也有破坏作用。

在建筑物中，水分的渗入及水的作用是石材发生破坏的主要原因，能软化石材并加剧其冻害，且能与有害气体结合成酸，使石材发生分解与溶解。大量水流还对石材有冲刷与冲击的作用，从而加速石材的破坏。因此，使用石材时应特别注意水的影响。

为了减轻与防止石材的风化与破坏，除运用合理选材和结构预防等方法外，还可以对石材进行表面处理。这些处理措施包括以下内容：

（1）在石材表面涂刷憎水剂，如各种金属皂、石蜡、甲基硅醇钠等，使石材表面由亲水性变为憎水性，并与大气和水分隔绝，起到防护作用，以延缓风化过程和降低污染。

（2）在石材表面涂刷熔化的石蜡，并将石材加热，可使石蜡渗入石材表面孔隙并填充孔隙。

（3）对石灰岩，可用氟硅酸镁溶液涂刷在石材表面，碳酸盐与氟硅酸镁生成不溶性化合物，沉积在微孔中并覆盖石材表面，起到防护作用。

（4）对其他岩石，可用硅酸盐防护，在石材表面涂以水玻璃，硬化后涂一层氯化钙水溶液。两者使石材表面形成不溶性硅酸钙保护膜层，起到防护效果。

3.4　常用岩石与石材

1. 花岗岩

花岗岩是一种典型的深成侵入岩，分布广泛，其主要化学成分为 SiO_2 和 Al_2O_3，矿物成分以石英和正长石为主，其次为黑云母、角闪石、白云母和其他矿物。根据次要矿物含量的不同，花岗岩可分为黑云母花岗岩、白云母花岗岩、二云母花岗岩等。图 3-8 是堆积的花岗岩石材。

花岗石为全品质等粒结构（也有不等粒的似斑状结构），块状构造。按结晶颗粒的大小，花岗石通常分为细粒、中粒、粗粒和斑状等。优质花岗石品

图 3-8 堆积的花岗岩石材

粒细，构造致密，质地均匀、坚固，石英含量多，云母含量少，不含有害的黄铁矿等杂质，长石光泽明亮，无风化迹象。

花岗石颜色正，是良好的建筑装饰材料。其颜色与光泽取决于长石、云母及暗色矿物（深色矿物）的种类及含量，通常呈灰色、灰白色、浅灰、浅黄、浅红、红灰、肉红色等。深色如黑色、青色、深红色（玫瑰红）的较少，因而也较名贵。

花岗岩表观密度高，内部结构致密且抗压强度高，孔隙率小，吸水率低，硬度高且耐磨性好，抗风化能力强，耐久性好，耐水性及耐酸性好，但抗火性差。

（1）花岗岩砌筑石材。在土木建筑工程中，花岗岩石材常用于砌筑重要的大型建筑物基础、墩、柱，常接触水的墙体、护坡、踏步、栏杆、堤坝、桥梁、路面、街边石等，是建造永久性工程或纪念性建筑的良好砌筑石材，如图 3-9 所示。

（2）花岗岩装饰石材。花岗岩装饰石材主要指以花岗岩块料经锯片、磨光、修边等加工而成的板材。

岩石学中的花岗岩指由石英、长石及少量云母和暗色矿物（橄榄石类、辉石类、角闪石类及黑云母等）组成的全晶质的岩石。建筑中所说的花岗石是广义的，是指具有装饰功能，并可磨光、抛光的各类岩浆岩（火成岩）及少量其他类岩石，主要是岩浆岩中的深成岩和部分喷出岩及变质岩，大致包括各种花岗岩、闪长岩、正长岩、辉长岩（以上均属深成岩）、辉绿岩、玄武岩、安山岩（以上均属喷出岩）、片麻岩（属变质岩）等。这类岩石的构造非常致密，矿物全部结晶且晶粒粗大。它们呈块状构造或粗晶嵌入玻璃质结构中的斑状构造，经研磨、抛光后形成的镜面，呈现出斑点状花纹。因此，用安山岩、辉长岩、片麻岩等块料加工而成的装饰板材，通常也称为花岗石板材。图 3-10 是花岗岩天然石材幕墙。

图 3-9　花岗岩石桥

图 3-10　花岗岩天然石材幕墙

由于花岗石板材质感丰富，具有华丽高贵的装饰效果，且质地坚硬、耐久性好，所以花岗石是室内外高级饰面材料，可用于各类高级土木工程建筑物的墙、柱、地面、楼梯台阶等构造的表面装饰及服务台、展示台及家具等。

磨光花岗石板材的装饰特点是华丽而庄重；粗面花岗石板材的装饰特点是凝重而粗犷。应根据不同的使用场合选择不同物理性能及表面装饰效果的花岗石。

2. 砂岩

如图 3-11 所示，砂岩是指粒径为 0.05～2mm 的碎屑颗粒含量超过 50% 的碎屑岩，主要成分为石英（SiO_2），具有砂质结构和层状构造，层理明显。砂岩按砂粒的矿物成分分为石英砂岩、长石砂岩和长石石英砂岩等；按砂粒粒径分为粗砂岩、中粒砂岩和细砂岩；按胶结物的成分分为硅质砂岩（由氧化硅胶结）、铁质砂岩、钙质砂岩（由碳酸钙胶结）和泥质砂岩等，由于胶结成分不同其颜色也不同。硅质砂岩的颜色浅，常呈浅灰色，质地坚硬耐久，强度高，抗风化能力强；泥质砂岩一般呈黄褐色，吸水性强，易软化，强度低；铁质砂岩常呈紫红色或棕红色；钙质砂岩呈白色或灰白色，具有一定强度，但耐酸性较差，可用于一般工程。铁质砂岩和钙质砂岩的强度和抗风化能力介于硅质和泥质砂岩之间。

图 3-11　砂岩

砂岩性能与其胶结物的性能及胶结密实程度有关，表观密度通常为 2200～2700kg/m³。密度不同，性能差别也较大。其强度（5～200MPa）、孔隙率（1.6%～28.3%）、吸水率（0.2%～7.0%）、软化系数（0.44～0.97）等变化幅度较大。

致密坚硬的砂岩可用作装饰石材。山东产纯白砂岩俗称白玉石，常用作雕刻装饰石材。

3. 石灰岩

石灰岩简称灰岩，如图 3-12 所示，是最常用的沉积岩。其主要化学成分为 $CaCO_3$，矿物成分以结晶细小的方解石为主，常有少量白云石、菱铁矿、石膏及有机物等混入物。当黏土矿物含量达 25%～50% 时，称为泥灰岩；当白云石含量达 25%～50% 时，称为白云质灰岩。致密石灰岩又称青石，可用作装饰板材。

图 3-12　石灰岩

纯石灰岩呈灰色、浅灰色，当含有杂质时呈浅黄色、浅红色、暗红色、灰黑色及黑色等。以加冷稀盐酸强烈起泡为其显著特征。石灰岩按成因、物质成分和结构构造，又可分为普通灰岩、生物灰岩、碎屑灰岩和燧石灰岩等。

通常泥灰岩为隐晶质或微粒结构，加冷稀盐酸起泡，且有黄色泥质沉淀物残留。

4. 大理岩

如图 3-13 所示，大理岩是较纯的石灰岩和白云岩在地壳内经过高温、高压作用，在区域变质作用下，由于重结晶而形成的变质岩，也有部分大理岩是在热力接触变质作用下产生的。大理岩多具等粒变晶结构或层状结构、块状构造。大理石的化学成分为碳酸盐（如碳酸钙或碳酸镁），矿物成分为方解石或白云石，故在其表面滴加冷稀盐酸时会强烈起泡，以此可与其他浅色岩石相区别。

我国的大理岩矿产资源极为丰富，品种繁多，产地几乎遍及各省市，主要分布于北京、河北、广西、陕西、江苏、福建、江西、浙江、云南、贵州、河南、广东、山东、辽宁、四川等 20 多地，品种近 300 个。最有名的应首推

图 3-13　大理岩

云南大理县的大理石。

　　与岩石学概念不同，我们在建筑中所说的大理石往往是广义的，称之为大理石的岩石大致包括各种大理石、大理灰化石、火山凝灰石、石灰岩、砂岩、石英岩、白云岩等。纯大理石洁白如玉，称为汉白玉，晶莹纯净且结构致密，可用于室外。当含有部分其他深色矿物时，便产生多种色彩与优美花纹。从色彩上来说，有纯黑、纯白、纯灰、墨绿、浅红、淡绿、深灰及其他各种颜色。纯黑大理石庄重典雅，秀丽大方；彩花大理石色彩绚丽，花纹奇异。从纹理上说，有斑纹、条纹之分，呈现出晚霞、云雾、山水、海浪等山水图案和自然景观。大理石抗压强度较高，但硬度并不太高，易于加工雕刻与抛光。将大理石加工成板材后经研磨、抛光，表面光泽如镜且边角整齐、美观大方，给人以质朴、光洁、细腻、清爽的感觉，自古以来就是一种高档的建筑装饰材料。

　　大理石抗风化能力差，易受空气中二氧化硫的腐蚀和雨水冲刷等，使表面层失去光泽、变色并逐渐破损，影响装饰效果。因此，大理石多用于室内装饰，且在产品形式上主要是制成大理石板材，用于室内饰面，如墙面、地面、柱面、台面、栏杆、踏步等。

参考文献

董晓英，王栋栋．建筑材料［M］．北京：北京理工大学出版社，2016.

4

无机胶凝材料

建筑工程中将散粒的（如砂、石等）或块状的（如砖、石材、砌块等）材料黏结成整体，并使其产生一定的强度，起黏结作用的材料统称为胶凝材料（或胶结材料）。胶凝材料按化学成分分为无机胶凝材料（如石灰、石膏、水泥等）和有机胶凝材料（如沥青）。其中无机胶凝材料按硬化条件的不同，分为气硬性胶凝材料和水硬性胶凝材料。

气硬性胶凝材料是只能在空气中凝结硬化，产生并发展、保持强度的胶凝材料，如石灰、石膏等。

水硬性胶凝材料是不仅能在空气中凝结硬化，而且能更好地在潮湿或水中硬化，产生、保持并发展强度的胶凝材料，如各种水泥。

由于生产石灰的原料丰富，生产简便，成本低廉，因此在目前的建筑工程中，石灰仍是应用广泛的建筑材料之一。

4.1 石 灰

石灰是包含不同化学组成和物理形态的生石灰、消石灰、水硬性石灰的统称，是建筑上使用较早的一种胶凝材料。

4.1.1 石灰概述

生产石灰的原料石灰岩（图 4-1）的主要成分为碳酸钙。将石灰岩经高温煅烧分解后生成氧化钙，即为生石灰，简称石灰，如图 4-2 所示。

煅烧良好的生石灰是质轻色匀，多孔、颗粒细小、体积密度低、与水反应速度快的"正火石灰"；但是若温度过低或煅烧时间不足，会使碳酸钙不能完全分解，而生成含有较多未消化残渣、产浆率低的"欠火石灰"。如果煅烧温度过高或时间过长，将生成颜色较深的"过火石灰"。过火石灰内部结构致密，体积密度增高，表面被黏土杂质熔化形成的一层玻璃釉状物包裹，与水

图 4-1 石灰岩

图 4-2 生石灰

反应极慢，当正火石灰硬化后，过火石灰才开始熟化。由于熟化过程的体积膨胀将可能引起硬化石灰体的隆起或开裂。

4.1.2 石灰分类

（1）按煅烧温度分为欠火石灰、过火石灰、正火石灰。

（2）按原材料成分分为钙质石灰、镁质石灰。

（3）按石灰化学成分分为生石灰（CaO）和熟石灰 [Ca (OH)$_2$]。

（4）按石灰状态分为块状石灰（块灰）、粉状石灰（石灰粉）、乳状石灰（石灰浆或石灰乳）、膏状石灰（石灰膏）。

4.1.3 石灰性能

石灰主要有以下性能:

1. 良好的保水性和可塑性

生石灰熟化为石灰浆时,能形成极细小的呈胶体状态的氢氧化钙颗粒,表面有一层厚的水膜,颗粒间的摩擦力较小,这使石灰浆具有良好的保水性与可塑性,使用时易铺摊成均匀的薄层。因此,在水泥砂浆中掺入石灰膏,能使其可塑性和保水性显著提高。

2. 凝结硬化慢,强度低

从石灰浆体的硬化过程中可以看出,由于空气中的二氧化碳较难进入其内部,所以碳化缓慢,硬化后的强度也不高,石灰砂浆(1:3)28d的抗压强度通常只有 0.2~0.5MPa。

3. 耐水性差

从石灰浆体硬化过程可以看出,石灰主要成分是氢氧化钙。由于氢氧化钙微溶于水,所以石灰受潮后溶解,强度更低,在水中还会溃散,所以石灰不宜用于潮湿的环境中。

4. 干燥收缩大

石灰在硬化过程中,由于大量的自由水蒸发而引起显著的收缩,所以除调成石灰乳作薄层涂刷外,不宜单独使用,常掺入砂、纸筋和麻刀等以减小收缩。

5. 吸湿性强

生石灰极易吸收空气中的水分水化成熟石灰,所以生石灰应长期存放在密闭条件下并应防潮、防水。生石灰也是良好的干燥剂。

4.1.4 石灰应用

石灰在建筑中的应用范围很广,主要用途如下:

(1)石灰粉或石灰膏与砂子、水拌和,可配制成石灰砂浆,用于砌筑或抹面。

(2)石灰粉或石灰膏与水泥、砂子、水拌和,可配制成水泥石灰混合砂浆,用于砌筑砖石墙体、柱体及抹面。

(3)石灰乳可用作墙面及顶棚的粉饰涂刷。

(4)石灰粉还可与黏土配制成灰土,或再加入砂子配成三合土,用于建筑物基础、垫层,也被广泛用作道路基层材料。

（5）生石灰粉还是制造硅酸盐制品、装饰板材的原料，如灰砂砖、粉煤灰砖、碳化石灰板等。

（6）由于生石灰的吸湿性很强，因此生石灰也被用作干燥剂。

4.2 石　膏

4.2.1　石膏概述

石膏胶凝材料是一种以硫酸钙为主要成分的气硬性胶凝材料，应用历史悠久。石膏胶凝材料及其制品具有轻质、强度较高、防火性能较好、可调节温湿度等许多优良的性质，以及原料来源丰富、生产能耗低等特点，因而在建筑中得到广泛应用。

建筑石膏是采用天然二水石膏（也称为生石膏，如图4-3所示），经过破碎、加热、磨细制得的一种白色粉末状材料，如图4-4所示。

图4-3　天然二水石膏

4.2.2　石膏分类

建筑中使用最多的石膏是建筑石膏，其次是模型石膏；此外，还有高强度石膏、无水石膏和地板石膏。生产石膏的主要工序是加热与磨细。由于加热温度和方式不同，可生产出不同性质的石膏。下面主要介绍建筑石膏、模

图 4-4　建筑石膏

型石膏、高强度石膏、无水石膏。

1. 建筑石膏

如前所述，将天然二水石膏等原料在 107～170℃的温度下煅烧成熟石膏，再经磨细而成的白色粉状物就是建筑石膏，如图 4-5 所示。

图 4-5　建筑石膏商品

建筑石膏硬化后具有很好的绝热吸声性能和较好的防火性能。其颜色洁白，可用于室内粉刷施工，如加入颜料可使制品具有各种色彩，制作装饰制品，如多孔石膏制品和石膏板等。建筑石膏不宜用于室外工程和65℃以上的高温工程。

2. 模型石膏

模型石膏是煅烧二水石膏生成的熟石膏，其中杂质含量少，比建筑石膏磨得更细的称为模型石膏。它比建筑石膏凝结快、强度高，主要用于制作模型、雕塑、装饰等，如图4-6所示。

图 4-6　模型石膏（装饰石膏线条）

3. 高强度石膏

将二水石膏放在压蒸锅内，在1.3个大气压（132kPa）、124℃条件下蒸炼生成的半水石膏称为高强度石膏。这种石膏硬化后具有较高的密实度和强度。高强度石膏适用于强度要求高的抹灰工程、装饰制品和石膏板。掺入防水剂后，其制品可用于湿度较高的环境中，也可加入有机溶液中配成胶粘剂使用。

4. 无水石膏

加热至400～750℃时，天然二水石膏将完全失去水分，成为不溶性硬石膏，将其与适量激发剂混合磨细后即为无水石膏。无水石膏适宜于室内使用，主要用来制作石膏板或其他制品，也可用作室内抹灰。

4.2.3　石膏性能

将石膏粉加水，观察其凝结硬化过程和现象，可总结出石膏具有如下特性：

（1）凝结硬化快。石膏加水后在 30min 之内就很快凝结了。7d 左右就完全硬化。为了方便施工，常掺入适量的缓凝剂。

（2）硬化时体积微膨胀。石膏浆体凝结硬化时不像石灰、水泥那样产生体积收缩，反而略有膨胀。这一特性使石膏制品表面光滑、形体饱满、棱角清晰，不产生干燥裂缝。

（3）硬化后孔隙率大、质量轻，但强度低。石膏在拌和时，为使浆体具有施工要求的可塑性，需加入 60%～80% 的用水量。石膏水化的理论需水量为 18.6%，大量的自由水蒸发后，在石膏制品内部形成大量的毛细孔隙（孔隙率可达 50%～60%），使硬化后的石膏制品质量轻，但强度低，因此不能用于制作承重构件。

（4）具有良好的保温隔热和吸声性能。石膏制品孔隙率大，吸声，导热性能差，因此常用作保温制品和吸声制品。

（5）具有一定的调节湿度的性能。由于石膏制品多孔、吸湿性强，当室内湿度变化时，具有一定的"呼吸"作用，从而起到一定的湿度调节作用。

（6）防火性好，但耐火性差。石膏制品（二水石膏）遇火后，结晶水蒸发形成汽幕，可阻止火势蔓延，能增强临时防火效果，但不宜长期用于靠近 65℃以上高温的部位，以免二水石膏在此温度下失去结晶水，从而降低强度。

（7）耐水性、抗冻性差。石膏制品多孔，吸水性强，受水浸湿后产生变形且强度低，受冻后孔隙水结冰而产生胀裂，因此不能用于潮湿部位和室外环境。

（8）具有良好的装饰性和可加工性。石膏制品表面光滑细腻、图案清晰饱满、棱廓分明，且可锯、可刨、可钉。

4.2.4 石膏应用

1. 室内抹灰及粉刷

建筑石膏与石灰相比，更加洁白、美观，适用于室内装修、抹灰、粉刷。由于石膏具有吸湿性，尚能调节室内湿度。

2. 石膏板

石膏板具有质轻、绝热、不燃、加工方便等性能。用石膏板制作的墙面平整，可以粘贴各种壁纸。石膏板安装方便，施工速度快。

在石膏中掺加锯末、膨胀珍珠岩、膨胀蛭石、陶粒等轻质填充料，能减轻石膏板的质量，提高保温隔热性能。在石膏中掺加纤维增强材料可提高石膏板的抗弯强度，减弱其脆性。调节石膏板的板厚、孔眼大小、孔距等，能制成吸声性良好的石膏吸声板。

4.3 水　泥

4.3.1　水泥概述

水泥是一种加水拌和成塑性浆体，能胶结砂、石等散粒材料，并能在空气和水中硬化的粉状水硬性胶凝材料。

水泥是几种熟料矿物成分的混合物，改变熟料矿物成分的比例，水泥的性质也会发生变化。如提高硅酸三钙的含量，可制成高强水泥；降低铝酸三钙、硅酸三钙的含量，可制成水化热低的大坝水泥等。

生产水泥的原料有石灰质原料、黏土质原料和铁质原料。水泥生料的配合比例不同，将直接影响水泥熟料的矿物成分比例和主要技术性能。水泥生料在窑内的煅烧过程是保证水泥熟料质量的关键。

4.3.2　水泥分类

（1）按用途和性能分为通用水泥、专用水泥和特性水泥三大类。

① 通用水泥

通用水泥是指一般土木建筑工程通常采用的水泥。《通用硅酸盐水泥》（GB 175—2007）规定，通用硅酸盐水泥按混合材料的品种和掺量分为硅酸盐水泥、普通硅酸盐水泥、矿渣硅酸盐水泥、火山灰质硅酸盐水泥、粉煤灰硅酸盐水泥和复合硅酸盐水泥六大品种。

② 专用水泥

专用水泥是指有专门用途的水泥，如油井水泥、道路硅酸盐水泥等。

③ 特性水泥

特性水泥是指某种性能比较突出的水泥，如快硬硅酸盐水泥、低热矿渣硅酸盐水泥、膨胀硫铝酸盐水泥、磷酸盐水泥等。

（2）按矿物成分分为通用硅酸盐水泥、铝酸盐水泥、硫铝酸盐水泥、铁铝酸盐水泥等。

① 通用硅酸盐水泥

以硅酸盐水泥熟料和适量的石膏，以及规定的混合材料制成的水硬性胶凝材料，称为通用硅酸盐水泥。通用硅酸盐水泥按混合材料的品种和掺量分为硅酸盐水泥、普通硅酸盐水泥、矿渣硅酸盐水泥、火山灰质硅酸盐水泥、粉煤灰硅酸盐水泥、复合硅酸盐水泥。

硅酸盐水泥：由硅酸盐水泥熟料、0％～5％石灰石或粒化高炉矿渣和适量石膏磨细制成的水硬性胶凝材料，称为硅酸盐水泥（国外统称为波特兰水泥）。硅酸盐水泥有两种类型，即Ⅰ型（不掺混合材料），代号为P·Ⅰ；Ⅱ型（掺5％以下的混合材料），代号为P·Ⅱ。

普通硅酸盐水泥：由硅酸盐水泥熟料、大于5％且小于等于20％的混合材料（不包括石灰石）和适量石膏磨细制成的水硬性胶凝材料，称为普通硅酸盐水泥（简称普通水泥），代号为P·O。

矿渣硅酸盐水泥：由硅酸盐水泥熟料、大于20％且小于等于50％的粒化高炉矿渣和适量石膏磨细制成的水硬性胶凝材料，称为A型矿渣硅酸盐水泥（简称矿渣水泥），代号为P·S·A；粒化高炉矿渣掺加量大于50％且小于70％的称为B型矿渣硅酸盐水泥，代号为P·S·B。

火山灰质硅酸盐水泥：由硅酸盐水泥熟料、大于20％且小于等于40％的火山灰质混合材料和适量石膏磨细制成的水硬性胶凝材料，称为火山灰质硅酸盐水泥（简称火山灰水泥），代号为P·P。

粉煤灰硅酸盐水泥：由硅酸盐水泥熟料、大于20％且小于等于40％的粉煤灰和适量石膏磨细制成的水硬性胶凝材料，称为粉煤灰硅酸盐水泥（简称粉煤灰水泥），代号为P·F。

复合硅酸盐水泥：由硅酸盐水泥熟料、两种或两种以上大于20％且小于等于50％的混合材料、适量石膏磨细制成的水硬性胶凝材料，称为复合硅酸盐水泥（简称复合水泥），代号为P·C。

② 铝酸盐水泥

铝酸盐水泥是以铝矾土和石灰石为原料，经煅烧制得的以铝酸钙为主要成分、氧化铝含量约为50％的熟料，再磨制成的水硬性胶凝材料。铝酸盐水泥常呈黄色或褐色，也有呈灰色的。铝酸盐水泥的主要矿物成分为铝酸钙及其他铝酸盐，以及少量的硅酸二钙等。

③ 硫铝酸盐水泥

硫铝酸盐水泥的主要成分为无水硫铝酸钙和硅酸二钙，早期强度高，长期强度稳定，低温硬化性能好，在5℃仍能正常硬化，水泥石致密，抗硫酸盐性能良好，抗冻性和抗渗性好，可用于抢修工程、冬季施工工程、地下工程，以及配制膨胀水泥和自应力水泥。

④ 铁铝酸盐水泥

铁铝酸盐水泥亦称"快硬铁铝酸盐水泥",是将适量生料煅烧得到以无水硫铝酸钙、铁相和硅酸二钙为主要成分的熟料,掺加适量石膏和 $0\%\sim10\%$ 石灰石磨细制成的水硬性胶凝材料。其早期强度高,抗冻性、耐腐蚀性和耐磨性较好,常用于抢修工程。

4.3.3 水泥性能

1. 密度

硅酸盐水泥的密度主要取决于其熟料矿物组成,一般在 $3.1\sim3.2g/cm^3$ 范围内。同时也和储存时间、条件等有关,受潮水泥的密度有所降低。在进行混凝土配合比设计时通常取其密度为 $3.1g/cm^3$。

2. 细度

细度是指水泥颗粒的粗细程度。水泥细度不仅影响水泥的水化速度、强度,而且影响水泥的生产成本。水泥的颗粒越细,比表面积越大,与水接触的面积越大,凝结硬化速度越快,早期强度也越高,但硬化收缩越大,水泥越易于受潮。另外,水泥颗粒太细,磨耗增高,生产成本增加。

3. 烧失量

烧失量是指水泥在一定温度和灼烧时间内,失去的质量占水泥的质量的分数。P·Ⅰ 型硅酸盐水泥的烧失量不得大于 3.0%,P·Ⅱ 型硅酸盐水泥的烧失量不得大于 3.5%。

4. 标准稠度用水量

在测定水泥的凝结时间、体积安定性等性能时,为使所得结果有准确的可比性,规定在试验时所使用的水泥净浆必须在一个规定的稠度下进行。这个规定的稠度称为标准稠度。水泥净浆达到标准稠度时所需的拌和用水量,称为标准稠度用水量,以水与水泥质量之比的百分数表示。

5. 凝结时间

水泥从加水拌和时起到开始失去流动性所需要的时间为初凝时间;从水泥开始加水拌和时起至水泥浆完全失去可塑性并开始产生强度所需要的时间为终凝时间。我国《通用硅酸盐水泥》(GB 175—2007)规定:硅酸盐水泥初凝时间不少于 45min,终凝时间不多于 6.5h。实际上硅酸盐水泥的初凝时间一般为 $60\sim180min$,终凝时间一般为 $300\sim480min$。凡凝结时间不符合规定的水泥为不合格品。

6. 体积安定性

水泥体积安定性是表征水泥硬化后体积变化均匀性的物理性能指标。水泥硬化后，如果其中某些有害成分的含量超出某一限度，就会产生不均匀的体积变化，使结构物产生开裂甚至崩塌等严重事故。影响体积安定性的主要因素有水泥中的游离氧化镁、游离氧化钙的含量过多或三氧化硫的含量过多。

7. 强度

水泥强度是水泥力学性能的重要指标，也是评定硅酸盐水泥强度等级的依据。采用《水泥胶砂强度检验方法（ISO 法）》（GB/T 17671—1999）测定水泥强度。将水泥、标准砂按 1：3 的比例混合，按 0.5 水灰比加入规定数量的水，拌成均匀胶砂，再按规定方法制成 40mm×40mm×160mm 的标准试件，在标准条件下养护后进行抗折、抗压强度试验，根据 3d 和 28d 龄期的强度，水泥分为 42.5、42.5R、52.5、52.5R、62.5、62.5R 六个等级。

8. 水化热

水泥在水化过程中放出的热量称为水泥的水化热（J/g）。水泥水化热大部分是在水泥水化初期放出的，后期放热逐渐减少。影响水泥水化热的因素很多，主要有水泥的细度及矿物组成。水泥颗粒越细，矿物中 C_3S、C_3A 含量越高，水化热越高。

4.3.4 水泥应用

水泥在水化过程中可以将砂、石等散粒材料胶结成整体而形成各种水泥制品或结构物。因此，在建筑工程中，水泥主要用于拌制砂浆、混凝土等。砂浆用于砌筑或抹面，混凝土用于制作构件或建筑物。

人类最早使用的胶凝材料是石灰，是从火的使用中得到启发开始的。有人发现经过火烧过的石头地面变得疏松、洁白、体积增大，加水后具有胶凝性，于是有了石灰的生产。2000 多年以前，古罗马人使用以石灰和火山灰为胶凝材料的混凝土建造结构物。后来，又有人在生产中发现当石灰石中含有较多黏土杂质时，烧出的石灰磨细后具有一定的水硬性，便出现用含黏土的石灰石生产水硬性石灰。但是天然石灰石中黏土含量极不稳定，逐渐悟到可以用黏土和石灰石配料并提高煅烧温度，能得到强度与水硬性更好的胶凝材料。在 1813 年法国维卡制得被称为现代波特兰水泥雏形的人工水硬性石灰石。11 年后，阿斯普丁取得了波特兰水泥专利。此后的 100 多年来，水泥生产工艺得到不断的改进。

参考文献

[1] 陈斌，江世永. 建筑材料 ［M］. 3 版. 重庆：重庆大学出版社，2018.

[2] 田卫明. 建筑材料 ［M］. 北京：北京航空航天大学出版社，2021.

[3] 方晓青，郭红喜. 建筑材料与检测 ［M］. 长春：吉林大学出版社，2018.

5

混凝土与建筑砂浆

5.1 混凝土

5.1.1 混凝土概述

1. 混凝土的定义

混凝土是由胶凝材料、颗粒状集料（砂子、石子等）、水及必要时加入的外加剂和掺合料，按照适当的比例配合，经均匀拌和、密实成型及养护硬化而成的人造石材。

"混凝土"一词最早来源于日本，是翻译英文的 concrete 时创造的平假名，后来由于外来语越来越多，意译常因文化背景的差异而不准确，因此日文将所有外来语一律使用片假名音译，就成了现在的コンクリート。"混凝土"作为中文也正好非常贴切地翻译了 concrete 的含义，因此在中国被逐渐广泛使用。

2. 混凝土分类

（1）按胶凝材料分类：水泥混凝土、石膏混凝土、水玻璃混凝土、硅酸盐混凝土、沥青混凝土、聚合物混凝土等。

（2）按混凝土的用途分类：建筑结构混凝土、道路混凝土、水工混凝土、耐热混凝土、耐酸混凝土、防射线混凝土等。

（3）按拌合物的流动性分类：干硬性混凝土（坍落度<10mm）、塑性混凝土（坍落度≥10mm）。

（4）按混凝土的表观密度分类：重混凝土（表观密度>2800kg/m³）、普通混凝土（2000kg/m³≤表观密度≤2800kg/m³）、轻混凝土（表观密度<2000kg/m³）。

（5）按混凝土的生产和施工方法分类：自拌混凝土、预拌混凝土、泵送混凝土、喷射混凝土、压力灌浆混凝土、离心混凝土等。

（6）按混凝土的强度等级分类：低强度混凝土（抗压强度≤25MPa）、中等强度混凝土（30MPa≤抗压强度≤55MPa）、高强度混凝土（60MPa≤抗压强度≤95MPa）、超高强度混凝土（抗压强度≥100MPa）。

3. 混凝土特点

（1）优点

① 材料来源广泛。混凝土中占80%以上的砂、石等原材料资源丰富，价格低廉，符合就地取材和经济的原则。

② 硬化前有良好的可塑性，便于浇筑成各种形状、尺寸的结构或构件。

③ 性能可调范围大。调整原材料品种及配比，可获得不同性能的混凝土以满足工程上的不同要求。

④ 有较高的强度和耐久性。硬化后具有较高的力学强度和良好的耐久性。

⑤ 与钢筋有良好的黏结性。两者线膨胀系数基本相同，复合成的钢筋混凝土能取长补短，增强了抗拉强度，扩展了应用范围。

⑥ 可充分以工业废料作为集料或外掺料，如粉煤灰、矿渣，有利于环境保护。

由于混凝土具有上述独特优点，因此是一种主要的建筑材料，广泛应用于工业与民用建筑工程、给排水工程、水利工程，以及地下工程、道路、桥涵及国防建筑等工程中。

（2）缺点

混凝土的主要缺点：自重大、比强度低；脆性强、易开裂；抗拉强度低，为其抗压强度的1/20～1/10；施工周期较长，质量波动较大。随着科技的不断进步，混凝土技术的不断发展，混凝土的性能也在不断地得到改进。

5.1.2　普通混凝土的组成

普通混凝土指用水泥作为胶凝材料，砂子、石子作为集料，再与水（必要时掺入外加剂或掺合料）按一定比例配合，经搅拌、成型、养护、硬化而成的具有一定强度的"人工石材"，也称为水泥混凝土。

1. 水泥

水泥与水组成水泥浆，包裹在集料的表面并填充集料间的空隙，硬化前起润滑作用，使混凝土拌合物具有流动性，便于浇筑成型；凝结硬化过程中，水泥与水发生水化反应，生成的水化产物将砂、石集料胶结形成整体，使硬化后的混凝土具有一定的强度。为保证混凝土的施工质量，应正确、合理地选择水泥的品种和强度等级。

2. 砂子、石子

砂子、石子在混凝土中起骨架作用，能提高混凝土的强度，减少水泥用量，减小混凝土的体积收缩。为保证混凝土的施工质量，配制混凝土用的砂、石质量应满足相关国家标准要求。

3. 水

混凝土用水应满足的要求：不影响混凝土的凝结硬化；无损于混凝土的强度发展和耐久性；不加快钢筋的锈蚀；不污染混凝土表面。

（1）拌合物和养护用水应符合《混凝土用水标准》（JGJ 63—2006）的规定。

（2）凡符合国家标准的生活饮用水，均可拌制和养护各种混凝土。

（3）海水可拌制素混凝土，但不宜拌制有饰面要求的素混凝土，不得用于拌制钢筋混凝土和预应力混凝土。

4. 外加剂

混凝土外加剂简称外加剂，是指在拌制混凝土的过程中掺入用以改善混凝土性能的物质。混凝土外加剂的掺量一般不大于水泥质量的 5%。混凝土外加剂产品的质量必须符合现行《混凝土外加剂》（GB 8076）的规定。

混凝土外加剂一般按主要功能分为四类：

改善混凝土拌合物流变性能的外加剂：各种减水剂、引气剂、泵送剂、保水剂、灌浆剂等。

调节混凝土凝结时间和硬化性能的外加剂：缓凝剂、早强剂、速凝剂等。

改善混凝土耐久性的外加剂：引气剂、阻锈剂、防水剂等。

改善混凝土其他性能的外加剂：加气剂、膨胀剂、防冻剂、着色剂等。

5. 掺合料

绝大多数矿物掺合料来自工业固体废渣。掺合料的作用与水泥混合料相似，在碱性或有硫酸盐成分存在的液相条件下，有些掺合料可发生水化反应，生成具有强度的胶凝物质。在混凝土中合理使用掺合料不仅可以节约水泥，降低能耗和成本，而且可以改善混凝土拌合物的工作性能，提高硬化混凝土的强度和耐久性。

活性矿物掺合料可以代替部分水泥熟料，与适量的石灰、石膏、粗细集料制成硅酸盐制品。也可掺入混凝土中代替水泥，改善混凝土的性能。目前使用较多、效果较好的掺合料有硅灰、矿渣粉、粉煤灰、沸石粉、偏高岭土粉、细磨石灰石粉等。

5.1.3　混凝土的性质

1. 混凝土拌合物的和易性

和易性是指混凝土拌合物易于施工操作（搅拌、运输、浇筑、捣实），并能获得质量均匀密实的混凝土的性能。

和易性是一项综合性的技术指标，包括 3 个方面的性能：

（1）流动性：指混凝土拌合物在自重或机械振捣作用下，能流动并均匀密实地填满模板的性能。

（2）黏聚性：指混凝土拌合物在施工过程中具有一定的黏聚力，不会发生分层和离析现象，保持整体均匀的性能。

（3）保水性：指混凝土拌合物保持水分不易析出的能力。

混凝土拌合物必须具有良好的和易性，才便于施工，并能获得均匀而密实的混凝土，保证混凝土的强度和耐久性。

影响混凝土拌合物的和易性的因素主要有内因和外因。内因：组成材料的质量及其用量；外因：环境条件（如温度、湿度和风速）、时间，以及生产、施工工艺和装备等因素。

黏聚性差的拌合物，在施工中易发生分层、离析，致使混凝土硬化后产生"蜂窝""麻面"等缺陷，影响混凝土的强度和耐久性。

保水性差的拌合物，在施工中容易泌水，并积聚到混凝土表面，引起表面酥松，也可能积聚到集料或钢筋的下表面而形成空隙，从而削弱了集料或钢筋与水泥石的结合力，影响混凝土硬化后的质量，致使渗水通道形成开口空隙，降低混凝土的强度和耐久性。

2. 混凝土的强度

强度是混凝土硬化后的主要力学性能。《混凝土结构设计规范》（GB 50010—2010）规定：以边长为 150mm 的立方体试件为标准试件，按标准方法成型，在标准条件下〔温度为（20±2）℃、相对湿度为 95％以上〕养护 28d 龄期，用标准试验方法测得的极限抗压强度，称为混凝土标准立方体抗压强度。

（1）在标准立方体抗压强度中，具有 95％以上保证率的抗压强度值，称为立方体抗压强度标准值。

（2）混凝土强度等级按立方体抗压强度标准值确定。采用符号 C 与立方体抗压强度标准值（单位为 MPa）表示，如 C25、C30 等。

（3）混凝土常用的强度等级有 C15、C20、C25、C30、C35、C40、C45、

C50、C55、C60、C65、C70、C75、C80 共 14 个强度等级。

例如，C30 表示混凝土立方体抗压强度标准值为 30MPa，即混凝土标准立方体抗压强度高于 30MPa 的概率为 95％以上。

影响硬化后水泥混凝土强度的因素是多方面的，归纳起来主要有材料质量和组成、制备方法、养护条件和试验条件四个方面，其中材料质量和组成对混凝土强度的影响最为显著。

3. 混凝土的变形性能

混凝土在凝结硬化或使用过程中受各种因素作用产生变形。混凝土的变形直接影响混凝土的强度和耐久性，特别是对裂缝的产生有直接影响。混凝土的变形主要分为荷载作用下的变形（弹塑性变形和徐变）和非荷载作用下的变形（化学收缩、干湿变形、温度变形等）。

4. 混凝土的耐久性

混凝土的耐久性是指混凝土在实际使用条件下能抵抗各种破坏因素的作用，长期保持强度和外观完整性，维持混凝土结构的安全和正常使用的功能。

混凝土的耐久性包括抗冻性、抗渗性、抗侵蚀性、抗碳化性、抗碱-集料反应、抗风化性等。提高混凝土耐久性的主要措施如下：

（1）合理选择水泥品种。适当控制混凝土的水灰比及水泥用量。水灰比是决定混凝土密实性的主要因素，不但影响混凝土的强度，而且影响其耐久性，故必须严格控制水灰比。

（2）保证足够的水泥用量，同样可以起到提高混凝土密实性和耐久性的作用。

（3）选用较好的砂、石集料。质量良好、技术条件合格的砂、石集料是保证混凝土耐久性的重要条件。

（4）改善粗集料的颗粒级配。在允许的最大粒径范围内尽量选择较大粒径的粗集料，可减小集料的空隙率和比表面积，也有助于提高混凝土的耐久性。

（5）掺引气剂或减水剂。掺引气剂或减水剂对提高抗渗性、抗冻性等有良好的作用，在某些情况下还能节约水泥。

（6）加强混凝土的生产和施工质量控制。在混凝土生产和施工中，应当搅拌均匀、浇灌和振捣密实及加强养护以保证混凝土的施工质量。

5.1.4 混凝土的配合比

混凝土的配合比指混凝土中各组成材料用量之间的比例关系。混凝土的配合比表示方法有两种：一种是以每 1m³ 混凝土中所需各种材料的用量表示。例如，1m³ 混凝土中需水泥 340kg、砂 710kg、石子 1200kg、水 180kg，则该混凝土的配合比可表示为水泥∶砂∶石∶水＝340∶710∶1200∶180。另一种是以各种材料间的用量比例表示（以水泥质量为1）。例如，上述混凝土配合比也可表示为水泥∶砂∶石∶水＝1∶2.09∶3.53∶0.53。

混凝土的配合比分为设计配合比和施工配合比两种。

设计配合比：在实验室以干燥砂石为准，经计算、试配、调整而确定的各种材料用量之比，其中砂、石用量是干砂、干石子的用量。

施工配合比：在施工现场根据现场砂石的实际含水率，将设计配合比换算后得出的各种材料实际用量之比，其中砂、石用量是湿砂、湿石子的用量。

5.1.5   其他混凝土

1. 泵送混凝土

混凝土拌合物坍落度不低于 100mm 并用泵送施工的混凝土称为泵送混凝土。

泵送混凝土可用于大多数混凝土的浇筑，尤其适用于城市为保护环境，或施工场地狭窄、施工机具受到限制的混凝土浇筑。泵送混凝土施工速度快、效率高、节约劳动力，近年来在国内逐步得到推广。

泵送混凝土除需满足强度和耐久性要求外，还应具有良好的可泵性，即混凝土拌合物应具有一定的流动性、良好的黏聚性及在泵送压力作用下的匀质性，而且摩擦力小、不离析、不阻塞，以方便用泵输送。

2. 预拌混凝土

预拌混凝土俗称为商品混凝土，是指预先拌好的质量合格的混凝土拌合物以商品的形式出售给施工单位，并运到施工现场进行浇筑的混凝土拌合物。按照《预拌混凝土》（GB/T 14902—2012）的规定，预拌混凝土是指在搅拌站（楼）生产的、通过运输设备送至使用地点的、交货时为拌合物的混凝土。所以"商品混凝土"的说法并不准确。

采用预拌混凝土，有利于实现建筑工业化，对提高混凝土质量、节约材料、实现现场文明施工和改善环境（因工地不需要原料堆放场地和搅拌设备）都具有突出的优点。

预拌混凝土分为集中搅拌混凝土和车拌混凝土两类。

（1）集中搅拌混凝土：专业工厂集中配料、搅拌、运至工地使用。

（2）车拌混凝土：专业工厂集中配料，在装有搅拌机的汽车上，在途中边搅拌边输送至工地使用。

3. 高性能混凝土

高性能混凝土就是指具有较高强度、高耐久性、高工作性等多方面（如体积稳定性等）的优越性能的混凝土。其中，最重要的是高耐久性，同时考虑高性能混凝土的实用价值，还应兼顾高经济性；但必须注意其中的高强度并不是指混凝土的强度等级（28d强度）一定要高，而是指能够满足使用要求的强度等级和足够高的长期强度。高性能混凝土不仅适用于有超高强度要求的混凝土工程，而且同样适用于各种强度等级的混凝土工程。高性能混凝土的强度等级可以差别很大，按照现在的标准规范，高性能混凝土可分为普通强度的高性能混凝土、高强高性能混凝土、超高性能混凝土及特种功能的高性能混凝土等。

4. 轻集料混凝土

轻集料混凝土是用轻集料配制成的、干密度低于 2000kg/m³ 的轻混凝土，也称多孔集料轻混凝土。

根据集料粒径大小，轻集料分为轻粗集料与轻细集料，轻粗集料简称轻集料。一般的轻集料混凝土的粗集料使用轻集料，细集料采用普通砂与轻砂混合使用，这样的混凝土称为砂轻混凝土；细集料全部采用轻砂，粗集料采用轻集料的混凝土称为全轻混凝土。

5. 聚合物混凝土

聚合物混凝土是由有机聚合物、无机胶凝材料、集料有效结合而形成的一种新型混凝土材料的总称。它克服了普通水泥混凝土抗拉强度低、脆性强、易开裂、耐化学腐蚀性差等缺点，扩大了混凝土的使用范围，是国内外大力研究和发展的新型混凝土。

5.2 建筑砂浆

建筑砂浆是一种应用广泛的建筑材料，是由胶凝材料、细集料、掺加料及水按一定比例配制而成的浆状混合物，又称为无粗集料的混凝土。

砂浆主要用于砌筑、抹面、修补、装饰工程等。在砌体结构中，砂浆主要作为砖、砌块、石材等砌体的胶凝材料，也可以用于砖墙勾缝、大型墙板和各种结构的接缝；镶嵌各种石材、陶瓷面砖、地面砖等贴面时的黏结和嵌缝材料；在装饰工程中，砂浆可用于建筑物内外表面的抹面，起装饰和保护墙体的作用。

砂浆根据胶凝材料的不同分为水泥砂浆、石灰砂浆、石膏砂浆和混合砂浆。混合砂浆有水泥石灰砂浆、水泥黏土砂浆和石灰黏土砂浆等。砂浆根据用途分为砌筑砂浆、抹面砂浆、装饰砂浆及特种砂浆等。

5.2.1　砌筑砂浆

用于砖、石、砌块等砌体砌筑的砂浆，称为砌筑砂浆。它起着黏结砌块、传递荷载的作用，是砌体的重要组成部分。建筑常用的砌筑砂浆包括水泥砂浆、水泥混合砂浆和石灰砂浆等。

1. 砌筑砂浆的组成

砌筑砂浆中常有胶凝材料、细集料、掺加料、外加剂和水等材料。目前，随着对砌筑砂浆性能要求的提高及商品砂浆的发展，砌筑砂浆还常用到保水增稠材料。

（1）胶凝材料

用于砌筑砂浆的胶凝材料有水泥和石灰。水泥宜采用通用硅酸盐水泥或砌筑水泥，水泥强度等级应根据砂浆品种及强度等级的要求进行选择。水泥和石灰应符合各自的质量要求。

（2）细集料

砂浆用细集料主要为天然砂，它在砂浆中起着骨架和填充的作用。对其技术性质的要求基本上与混凝土细集料的相同。由于砂浆层较薄，对砂子的粗细程度有限制。砂宜选用中砂，既可满足和易性要求，又可节约水泥。毛石砌体宜选用粗砂。

（3）掺加料

掺加料是指为了改善砂浆的和易性而加入的无机材料。常用的掺加料有石灰膏、黏土膏、电石膏、粉煤灰及其他工业废料等。为了保证砂浆的质量，需将石灰预先充分熟化制成石灰膏，然后掺入砂浆中搅拌均匀。如采用生石灰粉或消石灰粉，则可直接掺入砂浆搅拌均匀后使用。当利用其他工业废料或电石膏等作为掺加料时，必须经过砂浆的技术性质检验，在不影响砂浆质量的前提下才能够采用。

（4）外加剂

为使砂浆具有良好的和易性与其他施工性能，还可以在砂浆中掺入外加剂（如引气剂、早强剂、缓凝剂、防冻剂等），但外加剂的品种和掺量及物理力学性能都应符合国家现行有关标准的规定。引气型外加剂还应有完整的型式检验报告。

（5）水

对拌制砂浆用水质量的要求与混凝土的基本一样，应符合《混凝土用水标准》（JGJ 63—2006）的规定。

2. 砌筑砂浆的要求

（1）强度

硬化后的砂浆将砖、石黏结成整体性的砌体，并在砌体中起传递荷载的作用。因此，砂浆应具有一定的强度、黏结性及抵抗周围介质的耐久性。按照《砌筑砂浆配合比设计规程》（JGJ/T 98—2010）的规定，水泥砂浆及预拌砌筑砂浆的强度等级分为 M5、M7.5、M10、M15、M20、M25、M30；水泥混合砂浆的强度等级分为 M5、M7.5、M10、M15。

（2）表观密度

砌筑砂浆拌合物的表观密度宜符合表 5-1 的规定。

表 5-1　砌筑砂浆拌合物的表观密度

砂浆种类	表观密度（kg/m³）
水泥砂浆	≥1900
水泥混合砂浆	≥1800
预拌砌筑砂浆	≥1800

（3）和易性

对新拌砂浆，主要要求其具有良好的和易性。和易性良好的砂浆容易在粗糙的砖石底面上铺抹成均匀的薄层，而且能够和底面紧密黏结。使用和易性良好的砂浆，既便于施工操作，提高劳动生产率，又能保证工程质量。砂浆和易性包括流动性和保水性两个方面。

① 流动性

砂浆的流动性也称稠度测定，以沉入度（mm）表示，是指在自重或外力的作用下流动的性质。沉入度越大，表示流动性越好。砂浆的稠度选择要考虑块材的吸水性能、砌体受力特点及气候条件。基底为多孔吸水材料或在干热条件下施工时，应使砂浆流动性大些。相反，对密实的、吸水很少的基底材料，或在湿冷气候条件下施工时，可使流动性小些。

② 保水性

砂浆的保水性是指砂浆能够保持水分不容易析出的能力，用分层度表示。保水性不良的砂浆在存放、运输和施工过程中容易产生离析泌水现象。在施工过程中，保水性不好的水泥砂浆中的水分容易被墙体材料吸取，使砂浆过于干稠，涂抹不平；同时由于砂浆过多失水，砂浆的正常凝结硬化受到影响，砂浆与基层的黏结力及砂浆本身的强度降低。砂浆的保水性可用分层度和保水率两个指标衡量。砌筑砂浆的分层度应不大于30mm，一般以10～30mm为宜。

（4）搅拌时间

试配砌筑砂浆时应采用机械搅拌。搅拌时间应自开始加水算起，并应符合下列规定：

① 对水泥砂浆和水泥混合砂浆，搅拌时间不得少于120s。

② 对预拌砌筑砂浆和掺有粉煤灰、外加剂、保水增稠材料等的砂浆，搅拌时间不得少于180s。

（5）配合比设计

砌筑砂浆配合比用每立方米砂浆中各种材料的用量或各种材料的质量表示。砌筑砂浆的配合比设计应根据原材料的性能和砂浆的技术要求及施工水平进行计算并经试配后确定。

按计算或查表所得的配合比，采用工程实际使用材料进行试拌时，应测定其拌合物的稠度和保水率，当不能满足要求时，应调整材料的用量，直到符合要求。

5.2.2 抹面砂浆

抹面砂浆也称抹灰砂浆。凡涂抹在建筑物或建筑构件表面的砂浆，可统称为抹面砂浆。它既可以起到保护建筑物的作用，也能起到装饰建筑物的作用。

一般对抹面砂浆的强度要求不高，主要要求是其应有良好的和易性，施工时容易涂抹成均匀的薄层，并与基层具有良好的黏结力，在长期使用过程中不会出现开裂、脱落等现象。

抹面砂浆根据功能的不同分为普通抹面砂浆、装饰砂浆、防水砂浆和具有某些特殊功能的抹面砂浆（如绝热、耐酸、防辐射砂浆）等。

1. 普通抹面砂浆

普通抹面砂浆对建筑物和墙体起保护作用。它可以抵抗风、雨、雪等自然环境对建筑物的侵蚀，提高建筑物的耐久性。此外，经过砂浆抹面的墙面或其他构件的表面又可以达到平整、光洁和美观的效果。

普通抹面砂浆通常分为两层或三层进行施工。各层抹灰要求不同，所以每层所选用的砂浆也不一样。底层起黏结作用，中层起抹平作用，面层起装饰作用。各层抹灰要求不同，所以每层所用的砂浆也不一样。用于砖墙的底层抹灰，常为石灰砂浆，有防水防潮要求时用水泥砂浆。用于混凝土基层的底层抹灰，常为水泥混合砂浆。中层抹灰常用水泥混合砂浆或石灰砂浆。面层抹灰常用水泥混合砂浆、麻刀灰或纸筋灰。

2. 装饰砂浆

涂抹在建筑物内外墙表面，具有美观和装饰效果的抹面砂浆统称为装饰砂浆。装饰砂浆的底层和中层抹灰与普通抹面砂浆基本相同。面层要选用具有一定颜色的胶凝材料和集料及采用某种特殊的施工工艺，使表面呈现各种不同的色彩、线条与花纹等装饰效果。装饰砂浆所采用的胶凝材料有普通水泥、矿渣水泥、火山灰质水泥和白水泥、彩色水泥，也可在常用水泥中掺加些耐碱矿物颜料配成彩色水泥及石灰、石膏等。集料常采用大理石、花岗石等带颜色的细石渣或玻璃、陶瓷碎粒等。

3. 防水砂浆

防水砂浆是一种抗渗性高的砂浆，用防水砂浆可构成刚性防水层，适用于不受振动和具有一定刚度的混凝土或砖石砌体工程，用于地下工程、水池、储藏室、水塔等的防水。但对变形较大或会发生不均匀沉降的工程，不宜采用刚性防水层。防水砂浆也可以在水泥砂浆中掺入防水剂以提高抗渗能力。

4. 特殊用途砂浆

（1）绝热砂浆

采用水泥等胶凝材料及膨胀珍珠岩、膨胀蛭石、陶粒砂等轻质多孔集料，按照一定比例配制的砂浆是绝热砂浆。其具有质量轻、保温隔热性能好等特点，主要用于屋面、墙体绝热层和热水、空调管道的绝热层。绝热砂浆可用于屋面绝热层、绝热墙壁及供热管道绝热层等。

（2）吸声砂浆

吸声砂浆即一般采用轻质多孔集料拌制而成的具有吸声性能的砂浆。由于其集料内部孔隙率大，因此吸声性能也十分优良。吸声砂浆还可以在砂浆中掺入锯末、玻璃纤维、矿物棉等材料拌制而成。工程中常以水泥∶石灰膏∶砂∶锯末＝1∶1∶3∶5（体积比）配制吸声砂浆。吸声砂浆主要用于室内吸声墙面和顶棚的吸声处理。

（3）耐酸砂浆

用水玻璃和氟硅酸钠配制成耐酸涂料，掺入石英岩、花岗岩、铸石等粉状细集料，可拌制成耐酸砂浆。水玻璃硬化后具有很好的耐酸性能。耐酸砂浆多用作耐酸地面和耐酸容器的内壁防护层。

（4）防辐射砂浆

在水泥浆中掺入重晶石粉、砂可配制成有防 X 射线能力的砂浆。其配合比约为水泥：重晶石粉：重晶石砂＝1：0.25：4.5。如在水泥浆中掺加硼砂、硼酸等可配制有抗中子辐射能力的砂浆。此类防射线砂浆应用于射线防护工程。

（5）自流平砂浆

在现代施工技术条件下，地坪常采用自流平砂浆，从而使施工迅捷方便、质量优良。自流平砂浆中的关键性技术是掺用合适的化学外加剂，严格控制砂的级配、含泥量、颗粒形态，同时选择合适的水泥品种。良好的自流平砂浆可使地坪平整光洁、强度高、无开裂，技术经济效果良好。

5.3 几种特殊的混凝土或砂浆材料

本节介绍的几种特殊材料，具有明显区别于普通混凝土或砂浆的性能特点。这里，我们采用约定俗成的命名，而不必刻意区分它们是混凝土还是砂浆。

5.3.1 超高性能混凝土 UHPC

随着科学技术的发展，混凝土强度等级一直在不断地提高，高强和超高强混凝土（60～140MPa）已经成功地应用于结构工程中。但高强混凝土（High Strength Concrete，HSC）的抗弯、抗拉强度仍然不高，必须通过配筋增加结构的强度，而大量配筋又带来施工浇筑的困难。同时，由于混凝土收缩变形受钢筋的约束还会引起应力，导致开裂，对耐久性产生不利影响。在高强混凝土中，粗集料与浆体的界面薄弱区形成的缺陷也会造成混凝土强度与耐久性的降低。

针对以上问题，1993 年，法国 Bouygues 公司 Richard 等人率先研制出一种新的超高性能的水泥基复合材料——活性粉末混凝土（Reactive Powder Concrete，RPC）。RPC 强度高，根据组分和制备条件的不同，可以分为 RPC200 和 RPC800 两级。RPC200 的抗压强度可以达到 200MPa 以上，采用钢集料的 RPC800 的抗压强度可以达到 800MPa。目前 RPC200 已得到较广泛的应用，而 RPC800 仍然只是科学家的一个梦想，未见有任何实验数据发表。

由于 RPC 是一种专利产品，为了避免知识产权的纠纷，欧洲目前不再使用这个名词，而改称"超高性能混凝土"（Ultra-High Performance Concrete,UHPC）。

1998 年 8 月，在加拿大 Sherbrooke 市召开了第一次以 RPC 和高性能混凝土为主题的国际研讨会。会上就 RPC 的原理、性能和应用进行了广泛而深入的探讨。与会专家一致认为：作为一类新型混凝土材料，RPC 具有广阔的应用前景。虽然其问世时间不长，但因具有良好的力学性能和优异的耐久性，在短短的几年内，RPC 就已经在工程建设领域里获得了应用。

世界上第一座以 RPC 为材料的步行桥位于加拿大魁北克省的 Sherbrooke 市，如图 5-1 所示。该桥采用钢管 RPC 桁架结构，跨度为 60m，桥面宽度为 4.2m。桥面板厚度为 30mm，每隔 1.7m 设置高 70mm 的加强肋。桁架腹杆是直径为 150mm、壁厚为 3mm 的不锈钢管，内灌 RPC，抗压强度达到 200MPa 以上。下弦为 RPC 双梁，梁高 380mm；均按常规混凝土工艺预制。每个预制段长 10m、高 3m，运到现场后用后张预应力拼装而成。该桥的结构设计特点是混凝土构件内无箍筋、分别在体内和体外布置预应力钢筋，并使用不锈钢钢管约束 RPC，以提高其强度和延性。由于该桥采用 RPC，大大减轻了自重，提高了在高湿度环境、频繁受除冰盐腐蚀与冻融循环作用下结构的耐久性能。

图 5-1　Sherbrooke 步行桥

2002 年，Sun-Yu 步行拱桥（图 5-2）在韩国首尔竣工。该桥总跨度为 120m，是当时世界上总跨度最长的 UHPC 步行拱桥。预制构件完全采用 UHPC 制作，当 UHPC 入模后，在 35℃下养护 48h，再将预制构件移入 90℃ 蒸汽养护室内养护 48h，养护完成后运至现场拼装。

2011 年，SungaiLinggi 桥（图 5-3）在马来西亚建成。该桥主跨跨长

50m，主梁为高 1.75m、顶部宽 2.5m 的 U 形 UHPDC（Ultra-High Perform-ance Ductile Concrete）梁。该梁总重 120t，使用 Dura Technology Sdn. Bhd 公司生产的超高性能柔性混凝土（Dura®-UHPDC）构件全预制拼装而成。

图 5-2　韩国 Sun-Yu 步行拱桥

图 5-3　马来西亚 50m 单跨公路桥——SungaiLinggi 桥

1999 年，清华大学覃维祖教授等发表《一种超高性能混凝土——活性粉末混凝土》，最早介绍了 UHPC。2015 年，我国发布了《活性粉末混凝土》（GB/T 31387—2015）。随后，诸多专家学者开展了 UHPC 的原材料、配合比设计、养护、生产与施工等方面的研究与应用工作。

2003 年，北京交通大学最早将 RPC 应用于北京五环路桥上。此后，RPC 盖板还成功应用于合福高速铁路工程和石武客专铁路工程等工程。2007 年，迁曹铁路工程首次将 UHPC 应用于制作预应力梁。

2016 年 1 月 9 日，由湖南大学主持研发的北辰虹桥在湖南长沙竣工，该桥是国内第一座全预制拼装 UHPC 公路桥，如图 5-4 所示。该桥全长

70.8m，共有两跨，跨长分别为 36.8m 和 27.6m。该桥预制主梁和围护墙使用的 UHPC 抗压强度达 150MPa，预制箱梁使用的 UHPC 抗压强度达100MPa。由于该桥完全使用 UHPC 建造，减小了构件的截面尺寸，结构的自重只有普通钢筋混凝土结构的 1/4。北辰虹桥的建成对我国推广 UHPC 在实际工程中的应用具有里程碑的意义。

图 5-4　湖南长沙北辰虹桥

UHPC 除应用于桥梁工程中，还广泛应用于建筑外立面、井盖、电缆沟槽及盖板、道路声屏障、户外家具、抗爆军事工程等多个领域。

5.3.2　可弯曲混凝土 ECC

高延性纤维增强水泥基复合材料（Engineered Cementitious Composite，ECC）最早由密歇根大学的 Li 教授和麻省理工的 Leung 教授发明，随后该材料在日本获得了飞快发展和广泛应用，日本称之为 Ultra-High Performance Fiber Reinforced Cementitious Composite，缩写为 UHPFRCC，欧洲称之为 Strain Hardening Cementitious Composites，缩写为 SHCC。最初的名称中 Engineered 即"经设计的"，表明这类材料在材料设计方面的特别之处。普通的纤维混凝土（FRC，如钢纤维混凝土）和常见的高性能纤维增强水泥基复合材料（HPFRC，如 SIFCON）通常仅仅是通过调整纤维掺量以实现特定的性能，而 ECC 是以断裂力学和微观力学的概念为指导，对纤维、基体及纤维基体界面进行有意识的调整发展而来，对应复合材料通过产生多条细密裂缝以实现准应变硬化特性。

材料在受力时，经过屈服滑移之后，材料要继续发生应变必须增加应力，这一阶段材料抵抗变形的能力得到提高，通常称为强化阶段，这一物理现象称为应变硬化。应变硬化特性是普通混凝土不具备而金属材料具备的一种特性。目前，ECC 材料的极限拉伸应变可达到 3% 以上，远远超过普通混凝土的极限拉伸应变。

传统水泥基材料拉伸破坏时沿单条主裂缝破坏，而 ECC 材料在拉伸破坏时表现为多缝开裂，且裂缝宽度小、间距小，最终表现为多条裂缝达到指定宽度而破坏。当第一条裂缝出现后，对应试件的承载能力经历瞬间下降后马上恢复，裂缝宽度很快稳定在一个很细的水平上（和第一条裂缝的宽度大体相同），如此重复多次，试件上最终呈现大体均匀分布的多条细密裂缝，每条裂缝的宽度大体接近，直到裂缝处于饱和状态，此后随着荷载的增加，不再有新裂缝产生，取而代之的是原有裂缝的不断变宽，直至某一条裂缝（可以是所有裂缝中的任意一条）发生局部化扩展，试件最终断裂破坏。

ECC 材料受力弯曲时的状态如图 5-5 所示，可见与普通混凝土易脆断不同，ECC 可以发生弯曲而不破坏，因此 ECC 通常也被人们称为"可弯曲混凝土"。

图 5-5　ECC 材料受力弯曲时的状态

ECC 材料已被应用于桥面连接板、建筑加固、大坝、输水渡槽、蓄水池、污水处理池等工程。

5.3.3　其他特殊的混凝土或砂浆材料

除上述材料外，还有很多具有其他功能特性的混凝土或砂浆材料，如防辐射混凝土、透光混凝土、透水混凝土、自愈合混凝土等，并逐步应用于解决工程实际中的诸多功能化需求。

实际上，混凝土的历史可以追溯到数千年前：2000 年前，罗马人用石灰、火山灰混合物建造了很多大型的建筑物，如万神殿，20in（约 6.1m）厚的墙，表面砌有一层薄砖，墙身用的是凝灰岩和火山灰制成的混凝土，跨度约43.4m 的圆顶是完全用含浮石的火山灰混凝土浇筑的。12—14 年，罗马 Caligula 皇帝时期，人们用石灰和火山灰以 1∶2 比例配合，成功地建造了那不勒斯海湾，至今混凝土完好无损，数百米长的墙几乎无一裂缝。

1978 年，考古人员在发掘甘肃秦安县大地湾新石器时代仰韶文化遗址时，发现了一片面积达 130m² 的坚硬平滑地面。通过取样分析，专家认为这片灰青色的地面含有与现代混凝土相同的"硅酸钙"成分。据推测，大地湾"混凝土"的发明源于偶然：由于大地湾人在打磨石器时，不断有碎石和粉末产生，为了防止摩擦发热和钻孔时打滑，他们不断地往石器上加水和沙子，无意间，石粉、沙子和水自然混合产生了凝结，原始"混凝土"可能就这样被偶然发明了。聪明的大地湾人很快掌握了这一原始"混凝土"制作技术，并开始在建筑中使用。这被称为中国乃至世界历史上最早使用的混凝土，距今已有 5000 多年的历史。21 世纪初，日本鹿岛建设（株）中央研究所受大地湾遗址混凝土的启发，研发了 EIEN 混凝土。有报道称，用"EIEN"建成的建筑可在世上存留 1 万年。

参考文献

［1］阎培渝. 超高性能混凝土（UHPC）的发展与现状［J］. 混凝土世界，2010.

［2］徐世烺，李贺东. 超高韧性水泥基复合材料研究进展及其工程应用［J］. 中国学术期刊文摘，2008.

［3］唐勇，李旭. 高延性纤维增强水泥基复合材料的发展及应用［J］. 散装水泥，2020，205（02）：78-79.

［4］BLAIS P Y, COUTURE M. Precast, Prestressed Pedestrian Bridge — World's First Reactive Powder Concrete Structure［J］. Pci Journal, 1999, 44（5）: 60-71.

［5］HUH S B, BYUN Y J. Sun-Yu Pedestrian Arch Bridge, Seoul, Korea［J］. Structural Engineering International, 2005, 15（1）: 32-32.

［6］VOO YEN LEI. Design and Construction of a 50m Single Span Ultra High Performance Ductile Concrete Composite Road Bridge［J］. International Journal of Sustainable Construction Engineering & Technology, 2012, 3（1）.

［7］夏正兵. 建筑材料［M］. 2 版. 南京：东南大学出版社，2016.

6

建筑钢材

6.1 钢材的基本知识

钢材是指以铁为主要元素，含碳量一般在2%以下，并含有其他元素的材料。钢材是在严格的技术控制下生产的材料，具有品质均匀、强度高，塑性和韧性好，可以承受冲击和振动荷载，能够切割、焊接、铆接，便于装配等优点。因此，被广泛用于工业与民用建筑中，是主要的建筑结构材料之一。

建筑钢材是指用于钢结构的各种型钢（如角钢、工字钢、槽钢、钢管等）、钢板和用于钢筋混凝土结构中的各种钢筋、钢丝和钢绞线。

6.1.1 钢材的分类

钢材的品类众多，为了便于生产、保管、选用与研究，必须对钢材加以分类。按照钢材的化学成分、有害元素含量、用途、冶炼时的脱氧程度、形状的不同等，可将钢材进行分类。

（1）按化学成分分为碳素钢和合金钢。

（2）按有害元素（S，P）含量分为普通钢、优质钢、高级优质钢。

（3）按钢的用途分为结构钢、工具钢、特殊钢。

（4）按冶炼时的脱氧程度分为沸腾钢、镇静钢、特殊镇静钢。

（5）按形状分为线材、型材、板材、管材。

（6）按冶炼方法分为平炉钢、转炉钢和电炉钢。

（7）按质量等级分为普通钢、优质钢、高级优质钢、特级优质钢。

6.1.2 钢材的优缺点

钢材的优点：材质均匀，性能可靠，强度高，具有一定的可塑性、韧性，能承受较大的冲击荷载和振动荷载，可焊接、铆接、螺栓连接，便于装配。因此，钢材的用途非常广泛，是最重要的建筑材料之一。

钢材的缺点：易锈蚀，维护费用高，耐火性差。因此，钢筋混凝土构件中要有足够的混凝土保护层厚度来保护钢筋；钢结构中的型钢构件表面要涂刷防锈漆。

6.1.3 钢材的用途

结构钢又分为建筑用钢和机械用钢。建筑用钢就是各种建筑钢材，主要用于建筑工程中的钢筋混凝土结构（如基础、墙、柱、梁、楼梯、楼板、屋面板等）和钢结构（如工业厂房、大型场馆、高层和超高层建筑等）。

工具钢是用以制造各种工具用的高碳钢、中碳钢和合金钢。

特殊钢是用特殊方法生产的具有特殊的物理和化学性能，做特殊用途的钢。

6.2 钢材的技术性质

钢材的主要性能包括两大类：力学性能（包括拉伸性能、冲击性能、耐疲劳性等）和工艺性能（包括冷弯性能、焊接性能、热处理性能等）。

6.2.1 力学性能

1. 拉伸性能

拉伸作用是建筑钢材的主要受力形式，所以，抗拉性能是表示钢材性质和选用钢材的最重要指标。由于拉伸是建筑钢材的主要受力形式，因此抗拉性能采用拉伸试验测定，以屈服点、抗拉强度和伸长率等指标表示。这些指标可通过低碳钢受拉时的应力-应变曲线来阐明，如图 6-1 所示。

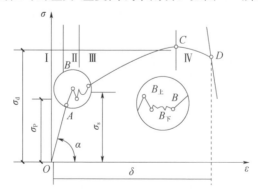

图 6-1 低碳钢受拉时应力-应变曲线图

钢材受拉直至破坏经历了 4 个阶段：弹性阶段、屈服阶段、强化阶段、颈缩阶段。在钢材的应力-应变曲线中存在几个重要的极限。

（1）弹性阶段（OA 段）

应力与应变成正比关系，应力增加，应变也增大，如果卸去外力，试件则恢复原状。这种能恢复原状的性质叫作弹性，这个阶段叫作弹性阶段。弹性阶段的最高点（图 6-1 中的 A 点）相对应的应力称为比例极限（或弹性极限），应力和应变的比值为常数，称为弹性模量，用 E 表示。

（2）屈服阶段（AB 段）

当应力超过比例极限后，应力和应变不再成正比关系。这一阶段开始时的图形接近直线，以后应力增加很小，而应变急剧地增长，就好像钢材对外力屈服了一样，所以称为屈服阶段。此时，钢材的性质也由弹性转为塑性，如将外力卸去，试件的变形不会全部恢复，即发生塑性变形（残余变形）。这个阶段有两个应力极值点，即屈服上限（$B_\text{上}$）和屈服下限（$B_\text{下}$）。

（3）强化阶段（BC 段）

钢材经历屈服阶段后，内部组织起变化，抵抗外力的能力又重新提高了，应力与应变的关系为上升的曲线（BC 段）。此阶段称为强化阶段，对应于最高点 C 的应力称为极限抗拉强度。

（4）颈缩阶段（CD 段）

当钢材强化达到最高点后，在试件薄弱处的截面将显著缩小，产生"颈缩现象"（图 6-2），试件断面急剧缩小，塑性变形迅速增加，拉力也就随着下降，最后发生断裂。

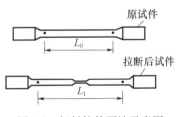

图 6-2 钢材拉伸颈缩示意图

2. 冲击性能

在图 6-1 中，当曲线到达 C 点后，试件薄弱处急剧缩小，塑性变形迅速增加，产生"颈缩现象"而断裂（图 6-2）。试件拉断后测定出拉断后试件的拉伸长度（$L_1 - L_0$）与原试件长度 L_0 的比值，计算出伸长率。

冲击韧性是指在冲击荷载作用下，钢材抵抗破坏的能力。钢材的冲击韧性受下列因素影响：

（1）钢材的化学组成与组织状态。钢材中硫、磷的含量高时，冲击韧性显著降低。细晶粒结构比粗晶粒结构的冲击韧性高。

（2）钢材的轧制、焊接质量。沿轧制方向取样的冲击韧性高；焊接钢件处的晶体组织的均匀程度对冲击韧性影响大。

（3）环境温度。当温度较高时，冲击韧性较大。当温度降至某一范围时，冲击韧性突然降低很多，钢材断口由韧性断裂状转为脆性断裂状，这种性质称为低温冷脆性。发生低温冷脆性时的温度（范围）称为脆性临界温度（范围）。在严寒地区选用钢材时，必须对钢材冷脆性进行评定，此时选用钢材的脆性临界温度应低于环境最低温度。

（4）时效。随着时间的推移，钢材机械强度提高，而塑性和韧性降低的现象称为时效。

钢材的硬度是指其表面抵抗重物压入产生塑性变形的能力。测定硬度的方法有布氏法和洛氏法。较常用的方法是布氏法，其硬度指标为布氏硬度值。各类钢材的布氏硬度值与抗拉强度之间有较好的相关关系。材料的强度越高，塑性变形抗力越强，布氏硬度值就越大。

3. 耐疲劳性

钢材在交变荷载反复多次作用下，可以在远低于抗拉强度的情况下突然破坏，这种破坏称为疲劳破坏。一般把钢材在荷载交变 10^7 次时、非铁（有色）金属材料在荷载交变 10^8 次时不破坏的最大应力定义为疲劳强度或疲劳极限。

一般钢材的疲劳破坏是由拉应力引起的，是从局部开始形成细小裂纹。由于裂纹尖角处的应力集中再使其逐渐扩大，直到疲劳破坏为止。疲劳裂纹在应力最大的地方形成，即在应力集中的地方形成，因此钢材疲劳强度不仅取决于它的内部组织，而且取决于应力最大处的表面质量及内应力大小等因素。

6.2.2 工艺性能

1. 冷弯性能

冷弯性能是钢材在常温条件下，承受弯曲变形而不破裂的能力，是反映钢材缺陷的一种重要工艺性能。

钢材的冷弯性能指标是用弯曲角度和弯心直径对试件厚度（直径）的比值来衡量的。试验时采用的弯曲角度越大，弯心直径对试件厚度（直径）的比值越小，表示对冷弯性能的要求越高。

钢材冷弯时弯曲角度越大，弯心直径越小，则表示对冷弯性能的要求越高。试件弯曲处若无裂纹、断裂及起层等现象，则认为其冷弯性能合格。

钢材的冷弯性能和伸长率一样，也是反映钢材在静荷载作用下的塑性，而且冷弯是在更苛刻的条件下对钢材塑性的严格检验，能反映钢材内部组织是否均匀、是否存在内应力及夹杂物等缺陷。在工程中，冷弯试验还被用作对钢材焊接质量进行严格检验的一种手段。

2. 焊接性能

建筑工程中，无论是钢结构还是钢筋混凝土结构的钢筋骨架、接头、预埋件等，绝大多数是采用焊接方式连接的，这就要求钢材具有良好的可焊性。

可焊性是指在一定的焊接工艺条件下，在焊缝及附近过热区是否产生裂缝及硬脆倾向、焊接后的力学性能，特别是强度是否有与原钢材相近的性能。

可焊性好的钢材，易于用一般焊接方法和工艺施焊；而可焊性差的钢材，焊接时要采取特殊的焊接工艺才能保证焊接质量。

3. 热处理性能

热处理是将钢材按一定规则加热、保温和冷却，以获得需要性能的一种工艺过程。热处理的方法有退火正火、淬火和回火。建筑所用钢材一般只在生产厂进行热处理并以热处理状态供应。在施工现场，有时须对焊接钢材进行热处理。

6.3 化学成分对钢材性能的影响

1. 碳

碳（C）是钢中的重要元素。含碳量小于 0.8% 时，随含碳量的增加，钢的屈服强度、抗拉强度和硬度提高，而塑性和韧性下降。含碳量增加时，还使钢的可焊性下降（含碳量大于 0.3% 时可焊性显著下降），冷脆性和时效敏感性增加，并使钢的抗腐蚀性下降。

2. 硅

硅（Si）是钢中的主要合金元素，含量常在 2% 以内，能提高钢的强度，而对钢的塑性和韧性影响不大，特别是当含量小于 1% 时，对塑性和韧性基本上无影响。

3. 锰

锰（Mn）是低合金钢的主要合金元素，含量在 $1\% \sim 2\%$ 时，能提高钢的强度，且对钢的塑性和韧性影响不大。锰还可以起去硫脱氧的作用，能消除钢的热脆性，改善钢的热加工性能。但锰含量较高时，将显著降低钢的可焊性。当锰含量为 11％～14％ 时，称为高锰钢，具有较高的耐磨性。

4. 硫、磷

硫（S）、磷（P）是钢中有害元素。磷可使钢的强度、耐腐蚀性和耐磨性提高，但会使钢的塑性和韧性显著降低，特别是使钢在低温下的韧性显著降低，即使钢的冷脆性显著增加。磷也降低钢的可焊性，但磷可使钢的耐腐蚀性提高，使用时要与铜等其他元素配合。硫的存在使钢的冲击韧性、疲劳强度、可焊性及耐腐蚀性降低，在钢的热加工时易引起脆裂，称为热脆性。

5. 氧、氮

氧（O）、氮（N）是钢中有害杂质。它们的存在会降低钢的塑性、韧性、冷弯性能和可焊性。

6. 钒、铌、钛

钒（V）、铌（Nb）、钛（Ti）都是炼钢时的脱氧剂，也是常用的合金元素。将它们适量加入钢中，可改善钢的组织，提高钢的强度和改善韧性。

6.4　钢材的加工

6.4.1　冷加工强化与时效处理

1. 冷加工强化处理

冷加工强化处理是将钢材在常温下进行冷拉、冷拔、冷轧、冷扭、刻痕等，使之产生塑性变形，从而提高钢材的屈服强度和抗拉强度的过程。冷加工强化处理后，钢材的塑性和韧性下降，可焊性也有所降低。

2. 时效处理

时效处理是将冷加工处理后的钢材，在常温下存放 15～20d，或加热至 100～200℃保持一定时间（2～3h），其屈服强度、抗拉强度及硬度进一步提高，同时，塑性和韧性也进一步降低的过程。前者称为自然时效，适用于低强度钢筋；后者称为人工时效，适用于高强度钢筋。因时效而导致钢材性能改变的程度称为时效敏感性。时效敏感性大的钢材，经时效处理后，其韧性、塑性改变较大。因此，承受振动、冲击荷载作用的重要结构（如吊车梁、桥梁），应选用时效敏感性小的钢材。

钢筋采用冷加工具有明显的经济效益。钢筋经冷拉后，一般屈服点可提高 20%～25%，冷拔钢丝屈服点可提高 40%～70%，由此可适当减小钢筋混凝土结构设计截面，或减少混凝土中配筋数量，从而达到节约钢材的目的。钢筋冷拉还有利于简化施工工序。冷拉盘条钢筋时，开盘、调直、除锈等工序可一并完成。

6.4.2 热处理

热处理是将钢材按一定的温度加热、保温和冷却，以获得所需性能的一种工艺。热处理的方法有退火、正火、淬火和回火。钢材的热处理一般在钢铁厂进行，并以热处理状态交货。在施工现场有时需对焊接件进行热处理。

1. 淬火

淬火是将钢材加热至 723℃以上某一温度，保持一定时间，然后将钢材快速置于水或油中冷却的过程。淬火可提高钢材的强度和硬度，但塑性和韧性明显下降，脆性增大。

2. 回火

回火是将淬火后的钢材加热到 723℃以下某一温度范围，保温一定时间后冷却至常温的过程。回火可消除由于淬火而产生的内应力，使钢材的硬度降低，塑性和韧性得到一定的恢复。回火按温度的不同分为高温回火（500～650℃）、中温回火（300～500℃）和低温回火（150～300℃）。回火温度越高、钢材的塑性和韧性恢复得越好。淬火和高温回火处理又称调质处理，经调质处理后的钢材，具有高强度、高韧性和高黏结力及塑性降低少等优点，但对应力腐蚀和缺陷敏感性强，使用时应防止锈蚀及刻痕等。

3. 退火

退火是将钢材加热至 723℃以上某一温度，保持相当长时间后，在退火炉中缓慢冷却的过程。退火能消除钢材中的内应力，使钢材硬度降低，塑性和韧性提高。在钢筋冷拔工艺过程中，常需进行退火处理，因为钢筋经数次冷拔后变得很脆，再继续拉拔易被拉断，这时必须对钢筋进行退火处理，提高其塑性和韧性后进行冷拔。

4. 正火

正火是将钢材加热到 723℃以上某一温度，并保持相当长时间，然后在空气缓慢冷却的过程。钢材正火后强度和硬度提高，塑性较退火小。

6.5　常用建筑钢材

6.5.1　钢筋混凝土结构用钢

钢筋混凝土结构用钢，主要由碳素结构钢和低合金结构钢轧制而成，有热轧钢筋、冷拉低碳钢丝、冷轧带肋钢筋、热处理钢筋、预应力混凝土用钢丝及钢绞线等。

1. 热轧钢筋

用加热钢坯轧成的条形成品钢筋，称为热轧钢筋。它是建筑工程中用量最大的钢材品种之一，主要用于钢筋混凝土构件的配筋。

钢筋混凝土用热轧钢筋，根据其表面状态特征、工艺与供应方式可分为热轧光圆钢筋、热轧带肋钢筋等。

（1）热轧光圆钢筋

该类钢筋为经热轧成型、横截面通常为圆形、表面光滑的成品钢筋，如图 6-3 所示。

图 6-3　热压光圆钢筋

（2）热轧带肋钢筋

热轧带肋钢筋（图 6-4）通常为圆形横截面，且表面通常带有两条纵肋和沿长度方向均匀分布的横肋，按肋纹的形状分为月牙肋和等高肋。

2. 冷拔低碳钢丝

冷拔低碳钢丝由直径 6~8mm 的热轧圆盘条经冷拔而成，如图 6-5 所示。低碳钢经冷拔后，屈服点可提高 40%~60%，同时塑性降低。因此冷拔低碳钢丝已失去低碳钢的特性，变得硬脆。冷拔低合金钢丝的抗拉强度比冷拔低碳钢丝更高，其抗拉强度标准值为800MPa，可用于中小型混凝构件中的预应力筋。

图 6-4　热轧带肋钢筋

图 6-5　冷拔低碳钢丝

3. 冷轧带肋钢筋

热轧圆盘条经冷轧后，其表面带有沿长度方向均匀分布的三面或两面横肋，即成为冷轧带肋钢筋，如图 6-6 所示。钢筋冷轧后允许进行低温回火处理。

与冷拔低碳钢丝相比，冷轧带肋钢筋有强度高、塑性好、质量稳定、与混凝土黏结牢固等优点，是一种新型、高效节能建筑用钢材，其广泛应用于多层和高层建筑的多孔楼板、现浇楼板、高速公路、机场跑道、水泥电杆、输水管、桥梁、铁路轨枕、水电站坝基及各种建筑工程。

图 6-6　冷轧带肋钢筋

4. 钢筋混凝土用余热处理钢筋

钢筋混凝土用余热处理钢筋是热轧后利用热处理进行表面控制冷却，并利用心部余热自身完成回火处理所得的成品钢筋。

预应力钢筋混凝土用钢筋是热轧盘条经冷加工（或不经冷加工）后淬火或回火得到。其具有高强度、高韧性及高黏结力，但塑性并不降低的特性。使用时应按要求长度切割，不能用电焊切制，也不能焊接，以免造成强度下降或脆断。

5. 预应力混凝土用钢丝及钢绞线

预应力混凝土用钢丝是高碳钢盘条经淬火、酸洗、冷拉加工而制成的高强度钢丝。预应力钢丝具有强度高、柔性好、松弛率低、耐腐蚀等特点，适用于各种特殊要求的预应力结构，主要用于大跨度屋架及薄腹梁、大跨度吊车梁、桥梁、电杆、轨枕等的预应力钢筋。

预应力混凝土用钢绞线是由 7 根直径为 2.5～5.0mm 的高强度钢丝，绞捻后经一定热处理清除内应力而制成的。一般以一根钢丝为中心，其余 6 根钢丝围绕着进行螺旋状左捻绞合，再经低温回火制成。钢绞线直径有 9.0mm、12.0mm 和 15.0mm 三种。

钢绞线（图 6-7）具有强度高、与混凝土黏结性好、断面面积大，使用根数少，在结构中布置方便，易于锚固等优点。它主要用于大跨度、大负荷的后张法预应力屋架、桥梁和薄腹梁等结构的预应力筋。

图 6-7　钢绞线

6.5.2　钢结构用钢

钢结构采用的钢材主要有钢板、型钢、圆钢、薄壁型钢和焊接钢管等，其中型钢指具有特定的断面形状和尺寸的长条热轧钢材，是区别于板带、钢管的钢材品种，包括 H 型钢、角钢、工字钢、槽钢和钢管。钢材主要采用碳素结构钢和低合金高强度结构钢，除了冷弯薄壁型钢、焊接成型的 H 型钢和钢管外，大部分型钢都是热轧成型的。

1. 热轧钢板

热轧钢板（图 6-8）分厚板及薄板两种，厚板厚度为 4.5～60mm，薄板厚度为 0.35～4mm。前者广泛用来组成焊接构件和连接钢板，后者是冷弯薄壁型钢的原料。

图 6-8　热轧钢板

2. 角钢

如图 6-9 所示，角钢俗称角铁，是两边互相垂直成角形的长条钢材，分为等边角钢和不等边角钢两种。我国目前生产的等边角钢，其肢宽为 20～200mm，不等边角钢的肢宽为 25mm×16mm～200mm×125mm。

图 6-9　角钢

3. 槽钢

如图 6-10 所示，槽钢是截面为凹槽形的长条钢材，属建造用和机械用碳素结构钢，是复杂断面的型钢钢材。其断面形状为凹槽形。我国槽钢有两种尺寸系列，即热轧普通槽钢与热轧轻型槽钢。

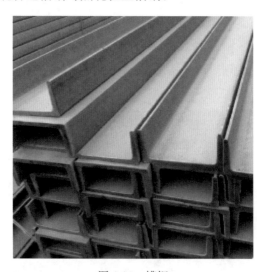

图 6-10　槽钢

4. 工字钢

工字钢分为热轧工字钢和轻型工字钢，是截面形状为工字形的型钢，如图 6-11 所示。

图 6-11 工字钢

5. H 型钢和剖分 T 型钢

热轧 H 型钢分为三类，即宽翼缘 H 型钢、中翼缘 H 型钢和窄翼缘 H 型钢。剖分 T 型钢也分为三类，即宽翼缘剖分 T 型钢、中翼缘剖分 T 型钢和窄翼缘剖分 T 型钢。剖分 T 型钢系对应的 H 型钢沿腹板中部对等剖分而成。

参考文献

[1] 张宿峰，姜封国，张照方. 建筑材料 [M]. 成都：电子科技大学出版社，2017.

[2] 田卫明，韩子刚，樊红英. 建筑材料 [M]. 北京：北京航空航天大学出版社，2021.

[3] 张中. 建筑材料检测技术手册 [M]. 北京：化学工业出版社，2011.

[4] 胡新萍. 建筑材料 [M]. 北京：北京大学出版社，2018.

[5] 孙武斌. 建筑材料 [M]. 北京：清华大学出版社，2009.

7

防水材料

防水材料是保证房屋建筑能够防止雨水、地下水和其他水分渗透，以确保建筑物能够正常使用的一类建筑材料，是建筑工程中不可缺少的主要建筑材料之一。防水材料的质量对建筑物的正常使用寿命起着举足轻重的作用。

早期建筑以屋面防水为主，基本采用构造防水的方式。屋面多为坡屋面，通过有坡度的构造起到排水作用。随着防水材料的发展，可以做到对建筑物的全封闭防水，建筑防水的方式也逐渐从以构造防水为主演变为以材料防水为主。

到了近代，以沥青为主的防水材料得到了迅速发展和应用。我国从中华人民共和国成立到改革开放前，基本采用"三毡四油"的防水做法。"毡"即"油毡"，是用动物的毛或植物纤维制成的毡或厚纸坯浸透沥青后制成的；这时的油毡，有些是从油毡厂买来的成品，有些是在工程现场直接制作的（将毡直接浸入热沥青里）。"油"一般为柏油。由于沥青本身对温度敏感，高温时容易流淌，低温时容易脆裂，所以沥青油毡虽然防水效果好，但是使用寿命较短。科学家通过对沥青进行改性，将有一定网状结构的高分子材料（热塑性弹性体或塑性体）加到沥青中，形成互为连续的网络结构，提高沥青的软化温度和黏滞力，延长了使用寿命。改性沥青的应用同时也提升了防水材料的工业化程度。因为无法在工程现场进行沥青改性，所以工厂预制成为唯一的生产方式。由此，我们将这种在工厂成型的、具备固定厚度、宽度和一定长度，可单独成为防水层的一类材料称为防水卷材。以改性沥青作为防水主材料的卷材称为改性沥青防水卷材。

近年来，防水材料突破了传统的改性沥青防水卷材，防水涂料、高分子防水卷材的使用也越来越多，且生产技术不断改进，新品种、新材料层出不穷，形成了种类丰富、分工明确的防水材料体系。防水层的构造由多层向单层发展，施工方法也由热施工向冷施工发展。

防水材料按特性可分为刚性防水材料、柔性防水材料和辅助防水材料，见表 7-1。

表 7-1　常用防水材料的分类和主要应用

类别		品种	主要应用
刚性防水材料		防水砂浆	不宜用于有变形的部位
		防水混凝土	地下工程、蓄水池等
		防水外加剂	有防水要求的混凝土中
		渗透结晶型防水材料	地下工程、蓄水池等
柔性防水材料	沥青基防水卷材	纸胎/玻纤胎沥青防水卷材	被淘汰
		沥青再生橡胶防水卷材	
	改性沥青防水卷材	SBS 改性沥青防水卷材	通用性好，适合寒冷地区
		APP 改性沥青防水卷材	适合高温地区使用
		自粘聚合物改性沥青防水卷材	适合不能明火施工的情况
		预铺改性沥青防水卷材	地下室、车库等
	合成高分子防水卷材	热塑性聚烯烃（TPO）防水卷材	通用性好，适合外露屋面
		聚氯乙烯（PVC）防水卷材	通用性好，不适合外露屋面
		三元乙丙橡胶（EPDM）防水卷材	适合寒冷地区或较大变形部位
		聚乙烯丙纶防水卷材	通用性好
		高分子自粘胶膜防水卷材（预铺）	地下室、车库等
		EVA/HDPE/LDOE 塑料片材	隧道、海绵城市等
	沥青基防水涂料	非固化沥青防水涂料	与沥青卷材配套使用
		喷涂速凝沥青防水涂料	通用性好
		改性沥青防水涂料	适合狭小或管道交错区域
	合成高分子防水涂料	聚合物水泥防水涂料	蓄水池、厕浴间等
		聚合物乳液防水涂料	厕浴间、金属屋面等
		聚氨酯/脲防水涂料	通用性好
辅助防水材料	密封止水材料	密封胶	门窗、墙板等接缝部位
		嵌缝膏	分隔缝等部位
		止水带/条	施工缝等，配合构造防水使用
	灌浆堵漏材料	无机堵漏材料	较轻的渗漏水部位
		水泥水玻璃灌浆液	漏水、涌水部位
		高分子灌浆注浆液	漏水、涌水部位
	基层/界面处理材料	冷底子油	沥青卷材施工基层处理
		水性基层处理剂	多用途的基层处理

7.1 沥青材料

沥青是一种建筑防水材料中最重要的原材料之一。早期的防水材料多使用天然沥青，但是天然沥青"高温流淌，低温脆裂"的特性导致防水质量不高、寿命较短等问题。科学家通过对天然沥青进行改性，提高了沥青的性能。现在，改性沥青取代了天然沥青，成为防水材料中应用最多的原材料。

7.1.1 天然沥青

1. 石油沥青

石油沥青是一种有机胶凝材料，在常温下呈固体、半固体或黏性液体状态。颜色为褐色或黑褐色。它是由许多高分子碳氢化合物及其非金属（如氧、硫、氮等）衍生物组成的复杂混合物。由于其化学成分复杂，常将其物理、化学性质相近的成分归类为若干组，称为组分。不同的组分对沥青性质的影响不同。通常将沥青分为油分、树脂和地沥青质 3 个组分。

（1）油分

油分为沥青中最轻的组分，呈淡黄色至红褐色，密度为 $0.7 \sim 1.0 \mathrm{g/cm^3}$。碳氢比为 $0.5 \sim 0.7$。在 $170 \mathrm{℃}$ 以下较长时间加热可以挥发。它能溶于大多数有机溶剂，如丙酮、苯、三氯甲烷等，但不溶于酒精。在石油沥青中，油分使沥青具有流动性。油分含量的多少直接影响沥青的柔软性、抗裂性及施工难度。

（2）树脂

树脂为黄色至黑褐色黏稠半固体，密度为 $1.0 \sim 1.1 \mathrm{g/cm^3}$，碳氢比为 $0.7 \sim 0.8$。其温度敏感性高，熔点低于 $100 \mathrm{℃}$。中性树脂赋予沥青一定的塑性、可流动性和黏结性，其含量增加，沥青的黏结力和延伸性也随即增加。

（3）地沥青质

地沥青质为深褐色至黑色无定型物（固体粉末），密度为 $1.1 \sim 1.5 \mathrm{g/cm^3}$，碳氢比为 $0.8 \sim 1.0$。它决定着沥青的黏结力、黏度、温度稳定性和硬度等。地沥青质含量增加时，沥青的黏度和黏结力增加，硬度和软化点提高。

另外，石油沥青中还含有 $2\% \sim 3\%$ 的沥青碳和似碳物，为无定形的黑色固体粉末。它是石油沥青在高温裂化、过度加热或深度氧化过程中脱氧而生成的，是石油沥青中分子量最大的物质，能降低石油沥青的黏结力。

2. 煤沥青

煤沥青是炼焦厂和煤气厂的副产品。煤沥青的大气稳定性与温度稳定性较石油沥青差。当与软化点相同的石油沥青比较时，煤沥青的塑性较差，因此当用在温度变化较大（如屋面、道路面层等）的环境时，没有石油沥青稳定、耐久。煤沥青中含有酚，有毒性，防腐性较好，适于地下防水层或作为防腐材料使用。

由于煤沥青在技术性能上存在较多缺点，而且成分不稳定，有毒性，对人体和环境不利，已很少用于建筑、道路和防水工程之中。

7.1.2 改性沥青

天然沥青的性能不一定能全面满足使用要求，为此，常采取措施对沥青进行改性。性能得到不同程度改善后的沥青，称为改性沥青。

1. 橡胶改性沥青

橡胶改性沥青是指在沥青中掺入适量橡胶后使其改性的产品。沥青与橡胶的相容性较好，混溶后的改性沥青高温变形很小，低温时具有一定塑性。所用的橡胶有天然橡胶、合成橡胶和再生橡胶。

2. 树脂改性沥青

用树脂改性石油沥青，可以改进沥青的耐寒性、耐热性、黏结性和不透气性。由于石油沥青中所含的芳香性化合物很少，故树脂和石油沥青的相溶性较差，而且可用的树脂品种也较少。常用的树脂有古马隆树脂、聚乙烯、无规聚丙烯（APP）等。

3. 橡胶和树脂改性沥青

橡胶和树脂用于沥青改性，使沥青同时具有橡胶和树脂的特性，且树脂比橡胶便宜，两者又有较好的混溶性，故效果较好。

配制时，采用的原材料品种、配比、制作工艺不同，可以得到多种性能各异的产品，主要有卷材、片材、密封材料、防水材料等。

4. 矿物填充料改性沥青

为了提高沥青的能力和耐热性，减小沥青的温度敏感性，经常加入一定数量的粉状或纤维状矿物填充料。常用的矿物粉有滑石粉、石灰粉、云母粉、硅藻土粉等。

7.2 防水卷材

防水卷材是指工厂化成型，经特定的工艺流程预制而成的具备固定厚度、幅度的片材，经卷取工艺收取一定长度成卷筒样，在工程现场经铺设拼接工序，可单独成为防水层或防水体系的一种材料。它是建筑工程防水材料的重要品种之一，应用量占整个建筑防水材料市场的60%以上。

防水卷材根据其主要防水组成材料分为沥青基防水卷材和合成高分子防水卷材两大类。沥青基防水卷材分为沥青防水卷材和改性沥青防水卷材。沥青防水卷材是传统的防水材料，但因其性能远不及改性沥青，已经被改性沥青卷材所代替。目前，我国沥青基防水卷材是应用量最大的防水材料，占比超过35%。

高聚物改性沥青防水卷材和合成高分子防水卷材均应有良好的耐水性、温度稳定性和大气稳定性（抗老化性），并具备必要的机械强度、延伸性、柔韧性和抗断裂的能力。

7.2.1 沥青防水卷材

沥青防水卷材是在基胎（如原纸、纤维织物等）上浸涂沥青后，再在表面撒粉状或片状隔离材料而制成的可卷曲的片状防水材料，如图7-1所示。沥青防水卷材主要有石油沥青纸胎油毡、石油沥青玻璃布油毡、石油沥青玻纤胎油毡等品种。

图 7-1　沥青防水卷材

沥青防水卷材是我国在改革开放以前使用最广的一种防水材料，通常说的"三毡四油"的防水做法中，"毡"即指此。这类材料性能较差、使用寿命短，不能满足现今对建筑质量的要求，已经被改性沥青卷材所取代，退出了历史舞台。

7.2.2 改性沥青防水卷材

改性沥青防水卷材与传统沥青防水卷材相比，使用温度区间大为扩展，做成的卷材光洁柔软，高温不流淌、低温不脆裂，且可做成 4～5mm 厚度；可以单层使用，具有 5～20 年可靠的防水效果，因此受到使用者青睐。沥青改性是通过配料、加热、搅拌、研磨等工艺将改性材料与沥青混合、分散至均匀分布的过程，如图 7-2 所示。

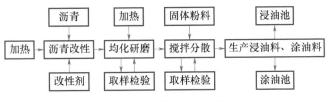

图 7-2 沥青的改性过程

改性后沥青的"保质期"较短，温度也要维持在 100℃ 以上，所以必须在一定的时间内加工成防水卷材。工厂的卷材成型设备需要与改性沥青设备同时工作，两台设备的交会点就在被称作"涂油池"的地方。以纤维织物或塑料膜制成的胎体经过预浸后在这里与改性沥青充分结合，然后经过覆膜、冷却、收卷等工序后，就变成改性沥青防水卷材，如图 7-3 所示。

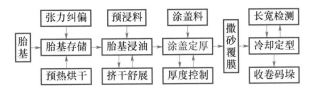

图 7-3 改性沥青防水卷材的生产过程

改性沥青防水卷材（图 7-4）的主要品种有 SBS（弹性体）改性沥青防水卷材、APP（塑性体）改性沥青防水卷材、自粘聚合物改性沥青防水卷材等。

1. SBS、APP 改性沥青防水卷材

在沥青的改性剂中，热塑性 SBS（弹性体）和 APP（塑性体）是对高低温性能改善最明显的。SBS 为苯乙烯-丁二烯-苯乙烯嵌段共聚物，添加到沥青中，能明显改善沥青的耐低温和耐老化性能，对耐高温性能也有一定的提升。因此，SBS 改性沥青防水卷材适合制作适用于寒冷地区的防水卷材；APP 为无规聚苯乙烯，能够明显提升沥青的耐高温性能，适合制作适用于高温地区的防水卷材。近年来，改性沥青防水卷材的配方工艺水平逐渐提升，SBS 改性沥青防水卷材在性能、通用性和经济性上都有了很大提升，逐渐取代了

图 7-4 改性沥青防水卷材

APP改性沥青防水卷材。后者的应用越来越少，现今只有在热带地区还能见到其踪影。

SBS改性沥青防水卷材宽度一般为1m，一般每卷的面积是$10m^2$，厚度从3～5mm都有。常用胎体有聚酯胎、玻纤胎、玻纤增强聚酯胎三种。该类卷材适用于工业与民用建筑的屋面和地下防水工程，应用面广，施工便利，是普通防水工程的首选材料。SBS改性沥青防水卷材采用热熔法施工，如图7-5所示。施工时需要使用火焰喷枪将卷材表面的改性沥青熔化，然后按压到基层上，实现与基层的黏结。这种施工方式不受温湿度的影响，因此一年四季都可以施工。不过，由于采用明火施工，稍有不注意就会引起火灾，在北京、上海、青岛等地已经禁止或部分禁止。近几年，SBS改性沥青防水卷材的使用量呈下降趋势，并逐步被自粘聚合物改性沥青卷材和高分子卷材代替。

2. 自粘聚合物改性沥青防水卷材

SBS改性沥青防水卷材需要明火施工，因此具有潜在的施工安全性问题和污染问题（加热后的改性沥青会释放沥青烟气，烟气中含有多种有毒成分）。为了解决这一问题，自粘聚合物改性沥青防水卷材应运而生（图7-6）。通过使用SBS和橡胶对特定的沥青进行改性，赋予了改性沥青在常温具有黏结性的特性，使这种卷材具有可以不借助加热即可牢固黏结的能力。由于这种特性的存在，改性沥青还具有一定的自愈性，在应对钉杆穿透或细微裂缝时，可以自行封闭，阻止水从这里通过。

图 7-5 热熔法施工

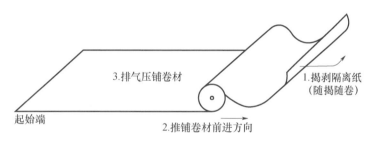

图 7-6 自粘聚合物改性沥青防水卷材的铺设

当然，自粘聚合物改性沥青防水卷材也不是完美的产品。首先，黏性受温度的影响，施工温度在 5～35℃之间。温度低了，黏性就不好了，需要加热使用；温度高了，改性沥青过黏，影响表面隔离膜的剥离。另外，在抗拉强度上，自粘卷材也不如 SBS 改性沥青卷材；自粘卷材对施工基层的要求也更加严格，平整度不好、有浮灰，都会影响黏结效果。

7.2.3 合成高分子防水卷材

以合成树脂、合成橡胶或其共混体为基材，加入助剂和填充料，通过压延、挤出等加工工艺而制成的无胎或加筋的塑性可卷曲的片状防水材料，大多数是宽度为 1～2m 的卷状材料，统称为高分子防水卷材。

高分子防水卷材具有耐高温、低温性能好，拉伸强度高，延伸率大，对环境变化或基层伸缩的适应性强，同时具有耐腐蚀、抗老化、使用寿命长、可冷施工、减少对环境的污染等特点，是一种很有发展前途的材料。在世界各地发展很快，现已成为仅次于沥青卷材的主要防水材料之一。

高分子防水卷材的发展经历了几个阶段：①人们采用合成橡胶为主材，如三元乙丙橡胶（EPDM）防水卷材、氯化聚乙烯（CPE）防水卷材（采用橡胶生产工艺）。该类卷材继承了合成橡胶的诸多优点，但造价高、卷材搭接施工难度大等问题制约了其发展。②人们开始采用合成树脂制造防水卷材，如使用聚氯乙烯、聚乙烯、聚乙烯丙纶等，还诞生了 EVA/HDPE/LDOE 塑料片材。这些片材发展成为如今的防排水板，在隧道、海绵城市、种植屋面等领域应用广泛。③氯化聚乙烯-橡胶共混防水卷材是橡塑共混的一种尝试，但是没有解决橡胶的施工问题。④现今，一种性能强大、优点突出的高分子卷材问世，使高分子卷材的使用量大大提升。它被称为热塑性聚烯烃（TPO）防水卷材，在欧美国家已经超过沥青卷材的使用量，成为屋面防水的首选。在国内，TPO 的使用量在逐年增加。另一种在地下工程被广泛采用的高分子卷材叫作高分子自粘胶膜预铺防水卷材。这种卷材可以空铺在地下室垫层上，铺设后可以直接在卷材上绑扎钢筋并浇筑混凝土（制作地下室底板）。最终，卷材与地下室底板牢靠地黏结在一起，形成全封闭式防水。

高分子防水卷材是一种成型为一定尺寸的片材，根据片材的不同可分为均质片、复合片、自粘片和异型片，如图 7-7 所示。

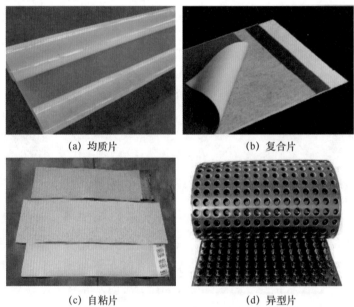

(a) 均质片   (b) 复合片

(c) 自粘片   (d) 异型片

图 7-7　高分子片材类型

（1）均质片：以高分子合成材料为主要材料、各部位截面结构一致的防水片材。

（2）复合片：以高分子合成材料为主要材料、复合织物等为保护或增强层，以改变其尺寸稳定性和力学特性，各部位截面结构一致的防水片材。

（3）自粘片：在高分子片材表面复合一层自粘材料和隔离保护层，以改善或提高其与基层的黏结性能，各部位截面结构一致的防水片材。

（4）异型片：以高分子合成材料为主要材料，经特殊工艺加工成表面为连续凸凹壳体或特定几何形状的防（排）水片材。

1. 三元乙丙橡胶（EPDM）防水卷材

在三元乙丙橡胶（乙烯、丙烯、非共轭二烯烃共聚物）中掺入适量的丁基橡胶、软化剂、补强剂、填充剂、促进剂、硫化剂和填料等，经密炼、塑炼、过滤、拉片、挤出或压延成型、硫化等工序制成的高强度、高弹性的防水卷材，就是三元乙丙橡胶防水卷材。EPDM 分子主链上乙烯和丙烯单体单元是呈无规则排列的，因此失去了聚乙烯或聚丙烯结构的规整性，成为具有弹性的橡胶。同时，EPDM 内聚能低、主链是饱和的直链型结构，赋予了其分子的柔性和弹性，稳定性好，耐热、耐候、耐臭氧、耐化学腐蚀等性能都非常优异，还有很好的绝缘性。但是，EPDM 经过硫化后已经交联饱和，不能再形成化学键，因此其亲和力低，与其他聚合物的相容性很差，很难黏结。

由三元乙丙橡胶制成的防水卷材具有优异的耐老化性能，能在 150℃的环境下长期使用，使用寿命也可达到 50 年之久，是一种性能优异的防水材料。但是，其受 EPDM 本身特性的制约，卷材的抗撕裂性能、黏结性能都较差。对施工中与基层和接缝的黏结处理的技术要求非常高，经常会因施工问题导致卷材接缝处漏水和窜水。

三元乙丙橡胶（EPDM）防水卷材单位成本较高，属于高档防水卷材。其综合经济效益显著，可用于工业与民用建筑屋面工程做单层外露防水，受振动、易变形建筑工程防水，以及有刚性保护层或倒置式屋面及地下室、水渠、储水池、隧道等土木建筑工程的防水。

2. 聚氯乙烯（PVC）防水卷材

聚氯乙烯（PVC）防水卷材是以聚氯乙烯树脂为主要原料，掺加增塑剂、填充剂、抗氧剂、紫外线吸收剂等助剂，经混炼、塑合、挤出、压延、冷却、收卷等工艺流程加工而成的卷材。

聚氯乙烯（Polyvinyl chloride），英文简称 PVC，是氯乙烯单体（VCM）在过氧化物、偶氮化合物等引发剂或在光、热作用下按自由基聚合反应机理聚合而成的聚合物。氯乙烯均聚物和氯乙烯共聚物统称为氯乙烯树脂（PVC）。

PVC 为无定形结构的白色粉末，支化度较小，玻璃化温度为 77～90℃，170℃左右开始分解，对光和热的稳定性差，在 100℃以上或经长时间阳光暴晒，就会分解而产生氯化氢，并进一步自动催化分解，引起变色，物理机械性能也迅速下降，在实际应用中必须加入稳定剂以提高对热和光的稳定性。

聚氯乙烯（PVC）防水卷材具有 PVC 树脂的优点，拉伸性能好，表面耐磨性好。施工方式可采用胶粘剂黏结，也可使用热风焊接，并且焊接的可靠度更高。但是这种焊接主要是用于卷材与卷材的搭接边上，卷材整体一般采用空铺或机械固定的方式，有被整体剥落的风险，如图 7-8 所示。

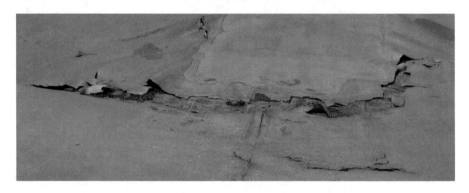

图 7-8　老化后的 PVC 防水卷材破损后被剥离基层

聚氯乙烯（PVC）防水卷材耐老化性能较差，一般不能外露使用。

3. 热塑性聚烯烃（TPO）防水卷材

热塑性聚烯烃（TPO）防水卷材是以 TPO（弹性体）为基料，配以阻燃填料、耐候颜料、抗氧剂及光稳定剂等，经高速搅拌、熔融挤出压延成型而制成的片状防水材料。以机械固定铺装方式应用于屋面防水工程。由于它既有三元乙丙橡胶的耐候性，又有塑料防水卷材的可焊接性，防水效果可靠，因此发展迅速。

TPO 防水卷材问世后迅速发展，很快就超越三元乙丙橡胶防水卷材，成为欧美国家屋面防水使用量最大的防水卷材；在我国，也已经逐渐替代聚氯乙烯防水卷材，成为国内使用量最大的高分子防水卷材之一（国内 EPDM 卷材使用量非常少，远少于其他高分子防水卷材）。TPO 防水卷材具有优异的耐高低温性能、物理力学性能，在 -40℃时弯曲无裂纹；耐候性好，可长期外露使用；卷材可抵抗霉菌和藻类生长，具有耐根穿刺能力。

TPO 防水卷材与聚氯乙烯防水卷材非常相似，也可采用机械固定、空铺或满粘、热风焊接等施工方式。

TPO 防水卷材在节能环保方面也具有突出的优点。首先，其白色或浅色的表面增加了屋顶的反射率，可将大量的太阳辐射热量反射出去。在一个炎热的夏日，一个浅色的屋顶与一个深色的屋顶相比，温差可达 30℃。浅色屋顶表面比深色表面可节约 40% 用来冷却的能源。另外，TPO 材料中不含有毒物质，也不存在物质迁移问题，是一种环保的防水材料。TPO 防水卷材与 PVC 防水卷材的比较见表 7-2。

表 7-2　TPO 防水卷材与 PVC 防水卷材的比较

比较项目	TPO 防水卷材	PVC 防水卷材
耐低温性能	−40℃	−20℃
使用寿命	15 年以上	不超过 10 年
环保性	无增塑剂，不含有毒物质	含有大量增塑剂，含氯
	可回收利用	不可回收利用
	清洁环保	污染水源和空气
耐老化性能	20000h 以上老化后，能保持 90% 以上的性能	20000h 老化后龟裂无法使用
复合使用	可与沥青类材料及聚氨酯等材料直接复合使用，可直接与保温材料接触使用	不能与其他材料直接复合使用，需要做隔离层

4. 高分子自粘胶膜防水卷材

高分子自粘胶膜防水卷材由高分子片材、自粘胶膜、防粘层组成，如图 7-9 所示。高分子自粘胶膜防水卷材和混凝土中未初凝的水泥浆在压力作用下，通过蠕变，相向渗过防粘层，形成有效的互穿黏结和巨大的分子间力。混凝土固化后高分子自粘胶膜防水卷材和结构主体之间的空隙得到最大限度的永久密封，彻底消除了窜水通道，防止黏结面窜水。

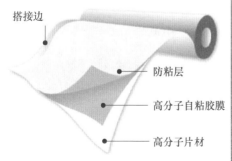

搭接边

防粘层

高分子自粘胶膜

高分子片材

图 7-9　高分子自粘胶膜防水卷材

高分子自粘胶膜防水卷材主要用于地下室底板的防水施工。施工时将卷材（预铺）空铺或点、条固定于混凝土垫层上，卷材的黏结面朝上，即可绑扎钢筋、浇筑底板结构混凝土。其可与现浇混凝土持久紧密地满黏结，形成不可分的整体，达到"皮肤式防水"的效果，杜绝窜水现象，且不受基层位移影响，施工方便，没有明水即可施工，只要能浇筑混凝土，即可进行预铺卷材施工。

高分子自粘胶膜防水卷材预铺施工还有以下特点：单层铺设，拐角处无须加强层。预铺防水卷材与传统防水材料不同，只需单层铺设就可达到很好的防水效果，并且这一层必须与结构混凝土满粘。在拐角处无须加强层，大幅度节约了材料的用量。对基层要求简单，只需要最低限度的表面处理，不需要底油或热气烘干潮湿的基层，无挥发性物质；当混凝土基层达到可以上人的强度后，就可以施工。施工温度范围宽，只要能够浇筑混凝土就可以进行卷材铺设。

5. 聚乙烯丙纶防水卷材

聚乙烯丙纶复合防水卷材是以聚乙烯为主要原料，加入抗老化剂、稳定剂、助粘剂等，与高强度丙（涤）纶无纺布经过塑料工艺一次复合而成的防水卷材。聚乙烯丙纶复合防水卷材采用三层式结构，如图 7-10 所示。芯层是主防水层，采用线性低密度聚乙烯（LLDPE），表面为丙纶（涤纶）无纺布，通过与芯层的复合，解决了聚乙烯线胀系数大的不足，并且增加了产品表面的粗糙度，提高了产品的摩擦系数，使复合卷材的黏结问题得以解决，实现了水泥黏结。

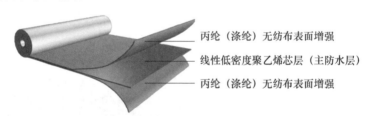

丙纶（涤纶）无纺布表面增强

线性低密度聚乙烯芯层（主防水层）

丙纶（涤纶）无纺布表面增强

图 7-10　聚乙烯丙纶防水卷材结构

聚乙烯丙纶复合防水卷材属于合成高分子防水卷材系列，除了完全具有合成高分子卷材的全部优点外，其自身最突出的特点在于表面的网状结构，使其具有了自己独特的施工方式——水泥黏结。因聚乙烯丙纶复合防水卷材可用水泥直接黏结，因此在施工过程中不受基层含水率的影响，只要无明水即可施工，可直接设计在水泥材料的结构中。由于聚乙烯丙纶复合防水卷材表面粗糙、摩擦系数大，在水利工程应用时，可直接埋设在砂土中，具有足够的稳定性。

7.3　防水涂料

防水涂料是常温或加热后呈液体，经涂布（刷、滚、喷）后，通过溶剂的挥发、水分的蒸发、化学反应或冷却固化，在基层表面形成坚韧的防水涂膜的材料。

其优点：操作简单、施工速度快；多采用冷施工，改善施工条件，减少环境污染；颜色可调，具有一定的装饰性；易于修补且价格低廉等。

其缺点：现场成型，施工质量难以控制，厚度较难保持均一；收边处理复杂。

与防水卷材相比，涂料的优势如下：

（1）细部处理简单，适合节点多、管道纵横、不规则形状多的施工环境；

（2）整体性强，无搭接边，降低渗漏风险；

（3）涂料成型后与基层基本满粘，窜水风险小。

我国建筑防水起步在 20 世纪 70 年代，早期以沥青类涂料为主；"三毡四油"其实就是以热沥青为涂料，附上毛毡做增强材料；80 年代开始应用聚氨酯防水涂料；90 年代开始使用水性乳液防水涂料。我国防水涂料受到原材料、技术、经济等原因的制约，发展明显落后于防水卷材，甚至在一定时期，单独使用防水涂料作为防水层不被认可，在标准、图集中更是难得一见。近年来，防水涂料性能日渐优异，施工更加标准化，市场应用量稳步提升，达到防水材料总用量的 30%。其中聚合物水泥防水涂料的用量最大，其次是聚氨酯防水涂料，再次是沥青类防水涂料（主要为非固化涂料）。在涂料工业中，防水涂料的占比很低，不足 4%。

目前防水涂料一般按涂料的液态类型进行分类。根据涂料的液态类型，可把防水涂料分为溶剂型、水乳型、反应型、热熔型。

1. 溶剂型防水涂料

在这类涂料中，作为主要成膜物质的高分子材料溶解于有机溶剂中，成为溶液。该类涂料具有以下特点：

通过溶剂挥发，经过高分子物质分子链接触、搭接等过程而结膜；涂料干燥快，结膜较薄而致密；生产工艺较简易，涂料储存稳定性较好；易燃、易爆、有毒，生产、储存及使用时要注意安全；由于溶剂挥发快，施工时对环境有污染，这类材料目前基本限制使用。

2. 水乳型防水涂料

这类防水涂料作为主要成膜物质的高分子材料以极微小的颗粒（而不是

呈分子状态）稳定悬浮（而不是溶解）在水中，成为乳液状涂料。该类涂料具有以下特点：

通过水分蒸发，经过固体微粒接近、接触、变形等过程而结膜；涂料干燥较慢，一次成膜的致密性较溶剂型涂料低，一般不宜在5℃以下施工；储存期一般不超过半年；可在稍潮湿的基层上施工；无毒、不燃，生产、储运、使用比较安全；操作简便，不污染环境；生产成本较低；一般用在室内防水。

3. 反应型防水涂料

在这类涂料中，作为主要成膜物质的高分子材料以预聚物液态形状存在。多以双组分或单组分构成涂料，几乎不含溶剂。该类涂料具有以下特点：

通过液态的高分子预聚物与相应物质发生化学反应，变成固态物（结膜）；可一次性结成较厚的涂膜，无收缩，涂膜致密；双组分涂料需搅拌均匀。

4. 热熔型防水涂料

这类涂料主要指热沥青（非固化橡胶沥青防水涂料）。该类涂料具有以下特点：

通过加热融化，经喷涂或刮涂在防水基面上，冷却后形成非固化的防水涂膜；可与相容的卷材复合使用；有黏稠胶质的特性，自愈能力强，触碰即粘，难以剥离，能解决因基层开裂应力传递给防水层而造成的防水层开裂、疲劳破坏或处于高应力状态下提前老化的问题；材料的黏滞性能很好地封闭基层的毛细孔和裂缝，解决窜水难题；不使用有机溶剂，无毒、无废料；施工过程中需加热，有污染和安全隐患。

以下介绍四种工程建设领域常用的热熔型防水涂料。

1. 聚合物水泥防水涂料

聚合物水泥防水涂料简称JS防水涂料，是以丙烯酸酯、乙烯-乙酸乙烯酯等聚合物乳液和水泥为主要原料，加入填料及其他助剂配制而成的，经水分挥发和水泥水化反应固化成膜的双组分水性防水涂料。它兼具有机涂料的柔韧性、延展性，以及无机涂料的黏结能力和强度，是用量最大、最重要的防水涂料之一。聚合物水泥防水涂料的组成如图7-11所示。

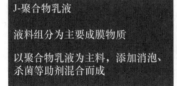

图 7-11 聚合物水泥防水涂料的组成

聚合物水泥防水涂料是一种有机、无机复合材料，也是一种水性涂料。因此其特点明显，在具有柔韧性和延展性的同时，有一定的刚度和抗渗性；可在潮湿基面上施工，性价比也较好。施工简单，清洁环保，是非常适合家装使用的一款防水涂料，在各种家装超市、电商平台上，都能看到聚合物水泥防水涂料的身影。

JS防水涂料成膜是通过涂料中的水分挥发来完成的；混合后，水泥、砂等无机颗粒与聚合物乳液中的乳胶分子均匀地分散在水中；随着水分因蒸发而减少，无机颗粒填充到乳胶分子的缝隙中，形成连续、致密的交联结构。表观上看，就是连续的涂膜［图 7-12（a）］。使用胎体增强材料时，可形成双网状结构，进一步提高性能［图 7-12（b）］。

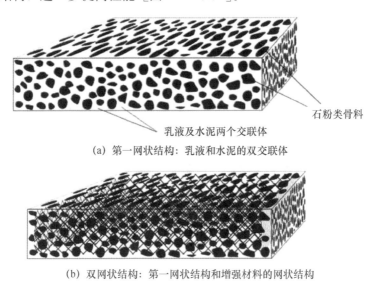

(a) 第一网状结构：乳液和水泥的双交联体

(b) 双网状结构：第一网状结构和增强材料的网状结构

图 7-12 聚合物水泥防水涂料成膜机理

对聚合物来说，由于水泥的存在降低了其延伸率但增加了强度；对水泥来说，相当于使其具有了一定的延伸率。涂膜在保持无机硅酸盐材料抗老化能力强、强度和硬度大的基础上，又引进高分子材料变形性好、容易涂刷的特点，体现了建筑防水刚柔并济的思想。

2. 聚氨酯防水涂料

聚氨酯材料是聚氨基甲酸酯的简称（Polyurethane，PU），是一种新兴的有机高分子材料，具有塑料和橡胶的特点，因其卓越的性能而被广泛应用于国民经济众多领域。其产品应用领域涉及轻工、化工、电子、纺织、医疗、建筑、建材、汽车、国防、航天、航空等，如 PU 皮革就是聚氨酯成分的表皮，适用于做箱包、服装、鞋、车辆和家具的装饰。

　　20 世纪 70 年代，我国开始研制并使用以煤焦油为主要填充料的聚氨酯防水涂料，为双组分防水涂料，在八九十年代广泛应用，俗称 911 防水涂料，后因有毒而被国家禁止。作为换代产品，沥青基聚氨酯涂料没有被广泛应用。因为填充沥青后涂料性能不稳定，质量较差。现今市场上的聚氨酯防水涂料产品可以称为"第三代"产品，是以聚醚多元醇为主要原料制备的聚氨酯防水产品，其防水性能、环保性都非常优秀，2000 年后在市场广泛应用。

　　聚氨酯防水涂料固化后可以形成兼具弹性和强度的连续涂膜，这是由聚氨酯独特的分子结构赋予的。作为成膜物质的核心原材料，异氰酸酯与聚醚多元醇聚合后形成软硬相间的分子结构和适度的交联体系；并且通过氢键作用，提高了整体性，达到刚柔相济的宏观效果。聚氨酯防水涂膜的分子结构如图 7-13 所示。

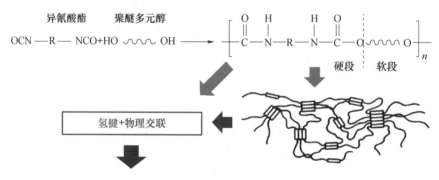

图 7-13　聚氨酯防水涂膜的分子结构

　　聚氨酯防水涂料按组分不同分为单组分和多组分。单组分聚氨酯防水涂料施工方便，已经成为主流产品，应用很广。双组分聚氨酯防水涂料可以制备出高性能产品，目前多用于高速铁路和特殊需求的工程场合。在高温、高湿的季节和地区，双组分涂料的稳定性优于单组分涂料。在我国南方和沿海地区，双组分涂料的应用量还是比较大的。

　　聚氨酯防水涂料的物理性能优异，并且优于绝大多数防水涂料；与水性涂料相比，其耐化学性能、耐水性、耐低温性都有明显优势。但是聚氨酯防水涂料的环保性弱于水性涂料，价格也偏高。聚氨酯防水涂料对水敏感，除了在生产过程中需要隔绝水以外，在使用过程中也需要避免与水接触。聚氨酯防水涂料适用于防水建筑物地下室、地下车库、明挖地铁和通道等防水工程，尤其适用于基层难以干燥的地下工程。它适用于结构复杂、管道纵横部位的防水施工，也可用于非外露屋面防水工程。其施工方式有喷涂、刮涂和辊涂，如图 7-14 所示。

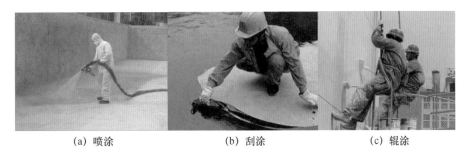

|(a) 喷涂|(b) 刮涂|(c) 辊涂|

图 7-14 聚氨酯防水涂膜的施工方式

聚氨酯防水涂料的施工工艺流程为基层处理→细部附加防水层施工→大面涂膜防水层施工→质检、验收→保护、隔离层施工。

3. 冷底子油

冷底子油是用建筑石油沥青加入汽油、煤油、轻柴油，或者用软化点 50～70℃的煤沥青加入苯，融合而配制成的沥青溶液。其黏度小，能渗入混凝土、砂浆、木材等材料的毛细孔隙中，待溶剂挥发后，便与基面牢固结合，使基团具有一定的憎水性，为黏结同类防水材料创造了有利条件。若在这种冷底子油层上面铺热沥青胶粘贴卷材，可使防水层与基层粘贴牢固。因它多在常温下用于防水工程的底层，故名冷底子油。该油应涂刷于干燥的基面上，通常要求水泥砂浆找平层的含水率≤10%。

冷底子油常随配随用，通常使用 30%～40%的石油沥青和 60%～70%的溶剂（汽油或煤油）。首先将沥青加热至 108～200℃，脱水后冷却至 130～140℃，并加入溶剂量 10%的煤油，待温度降至约 70℃时，再加入余下的溶剂搅拌均匀。若储存，应使用密闭容器，以防溶剂挥发。

4. 水乳型沥青防水涂料

水乳型沥青防水涂料即水性沥青防水涂料，是以乳化沥青为基料的防水涂料。该涂料借助于乳化剂作用，在机械强力搅拌下，将熔化的沥青微粒均匀地撒于溶剂中，使其形成稳定的悬浮体。

水乳型沥青基涂料分为厚质防水涂料和薄质防水涂料两大类，可以统称为水性沥青基防水涂料。厚质防水涂料常温时为膏体或黏稠液体，不具有自流平的性能，一次施工厚度可以在 3mm 以上；薄质防水涂料常温时为液体，具有自流平的性能，一次施工不能达到很大的厚度（其厚度在 1mm 以下）。需要施工多层才能满足涂膜防水的厚度要求。

7.4 刚性防水材料

　　建筑始于防水，人类有个遮风避雨的需求，才开始建筑活动。刚性防水始于石瓦的产生。20世纪以前的建筑防水以结构防水为主，基本都采用刚性防水技术。世界上第一条地铁——伦敦地铁（19世纪60年代）就采用刚性防水技术。现在隧道挖掘的盾构技术中使用的盾构管片其实也采用了刚性防水为主的技术。在水泥诞生后，建筑的主要材料由石头、黏土等天然材料转变为水泥、混凝土和钢筋，刚性防水材料也随之改变。混凝土本身就可以算作一种刚性防水材料，在现今的地下防水工程中，防水混凝土就是作为一道防水层使用的。但是混凝土本身存在收缩问题，收缩会导致混凝土开裂，降低混凝土的抗渗性能。所以应用于混凝土结构的最初的刚性防水材料其实是混凝土膨胀剂，也是应用最广、用量最大的混凝土外加剂之一。随着建筑科技的发展，混凝土工程越来越多、越来越复杂，造成混凝土开裂破损的原因也越来越多，刚性防水材料的种类和功能也就越多。与柔性防水材料相比，刚性防水材料自身有许多优点，也是近年来发展迅速的原因之一，两种防水技术的比较见表7-3。

表 7-3　刚性防水技术与柔性防水技术的比较

比较项目	刚性防水技术	柔性防水技术
防水寿命	与结构同寿命	20～30 年
污染地下环境可能性	无	有
施工可靠性	好	差
裂缝渗漏水响应速度	快，回填土后即显现	慢，大多滞后到使用期
发生渗漏可否通过验收	不可以。修补完好才能验收	可以。渗漏水滞后，验收时未必能发现漏水
工期	短	长
防水造价	中	高
防水质量可靠性	高	低
工程防水质量责任	明确	不清楚

　　刚性防水技术成败的关键是看混凝土的质量是否可靠。如果混凝土质量不满足要求，那么表7-3中刚性防水技术的优点就不复存在了。因此，为了保证防水工程的可靠性，一般采用刚柔结合的防水方式。

　　刚性防水材料分为外加剂和防水涂料两大类，具体分类见图7-15。图中基本包含当今市场上绝大多数的刚性防水材料。

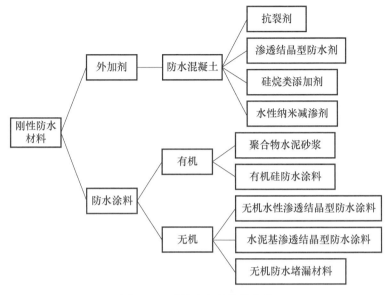

图 7-15 刚性防水材料的分类

下面主要介绍水泥基渗透结晶型防水材料和聚合物水泥防水砂浆。

1. 水泥基渗透结晶型防水材料

水泥基渗透结晶型防水材料是一种用于水泥混凝土的刚性防水材料。其与水作用后，材料中含有的活性化学物质以水为载体在混凝土中渗透，与水泥水化产物生成不溶于水的针状结晶体，填塞毛细孔道和微细缝隙，从而提高混凝土致密性与防水性。水泥基渗透结晶型防水材料按使用方法分为水泥基渗透结晶型防水涂料和水泥基渗透结晶型防水剂。材料中的活性化学物质一般由碱金属盐或碱土金属盐、络合化合物等复配而成，具有较强的渗透性，能与水泥的水化产物发生反应生成针状晶体的化学物质。

水泥基渗透结晶型防水材料的机理是以其特有的活性化学物质，利用混凝土本身固有的化学性与多孔性，以水为载体，借助水的渗透作用与混凝土内的化学物质反应，顺着或逆着水的压力方向产生作用，形成不溶性的结晶，与混凝土结合为整体，堵塞来自任何方向的水。

当结构没有水分时，其活性成分会保持静止状态，但当再次与水分接触时，上述化学作用及封闭过程便会重复发生，而且会更深入到混凝土内，从而达到永久性地防水、防腐、防潮。

水泥基渗透结晶型防水材料适合在结构刚度较好的地下防水工程、建筑室内防水工程和构筑物防水工程中单独使用，也可与其他防水涂料复合使用。由于材料中的活性物质有限，在不断的吸水放水过程中会将活性物质消耗光，因此水泥基渗透结晶型防水材料不宜用于干湿交替环境。

2. 聚合物水泥防水砂浆

聚合物水泥防水砂浆是由水泥、集料和可以分散在水中的有机聚合物搅拌而成的。聚合物可以是由一种单体聚合而成的均聚物，也可以是由两种或更多的单聚体聚合而成的共聚物。聚合物必须在环境条件下成膜覆盖在水泥颗粒上，并使水泥机体与集料形成强有力的黏结。聚合物网络必须具有阻止微裂缝发生的能力，而且能阻止裂缝的扩展。

聚合物水泥防水砂浆与聚合物水泥防水涂料非常相似，不同之处在于聚合物水泥防水砂浆以水泥基材料为主，添加的聚合物可辅助提高抗裂性、抗渗性等性能；聚合物水泥防水涂料以聚合物乳液为主，添加水泥、砂等无机材料是为了提高涂膜的刚度和黏结能力。

聚合物水泥防水砂浆适用于外墙面、屋面、厕浴间、水池等建筑物各部位的防水、防渗漏工程，以及地下室、隧道、堤坝、地铁等各种地下工程的防水、防渗漏工程，现在多用于基层找平、防水材料保护层、局部修补等。

8

墙体材料

8.1 砌墙砖

凡以黏土、工业废料或其他地方资源为主要原料，以不同的工艺制成的、在建筑物中用于承重墙或非承重墙的砖统称为砌墙砖。砌墙砖是当前主要的墙体材料，具有原料易得、生产工艺简单、物理力学性能优异、价格低廉、保温绝热和耐久性较好等优点。一般按生产工艺分为两类：一类是通过焙烧工艺制得的，称为烧结砖；另一类是通过蒸养、蒸压或自养等工艺制得的，称为非烧结砖。砌墙砖按孔洞率的大小形式又分为实心砖、多孔砖和空心砖。实心砖无孔洞或孔洞率小于 15%；多孔砖的孔洞率不小于 25%，孔的尺寸小且数量多；空心砖的孔洞率不小于 40%，孔的尺寸大且数量少。

1. 烧结普通砖

由黏土、页岩、煤矸石或粉煤灰为主要原料，经过焙烧而成的、规格为 240mm×115mm×53mm 的烧结砖称为烧结普通砖。

（1）尺寸和外观

烧结普通砖各部位名称及尺寸和外形如图 8-1、图 8-2 所示。

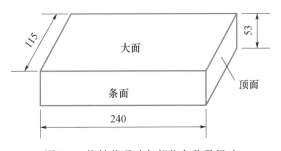

图 8-1　烧结普通砖各部位名称及尺寸

图 8-2　烧结普通砖外形

（2）强度等级

烧结普通砖按抗压强度分为 MU30、MU25、MU20、MU15 和 MU10 五个强度等级。

（3）耐久性指标

当烧结砖的原料中含有有害杂质或因生产工艺不当时，可造成烧结砖的质量缺陷而影响耐久性，主要的缺陷和耐久性指标有泛霜、石灰爆裂、抗风化性能，以及成品中不允许有欠火砖、过火砖、酥砖和螺旋纹砖等。

（4）质量等级

强度、抗风化性能和放射性物质含量合格的烧结普通砖，根据尺寸偏差、外观质量、泛霜和石灰爆裂分为优等品（A）、一等品（B）和合格品（C）3 个质量等级。各等级砖的各项性能应符合《烧结普通砖》（GB/T 5101—2017）中的相应要求。

（5）烧结普通砖的应用

烧结普通砖具有较高的强度，良好的绝热性、透气性和体积稳定性，较好的耐久性及隔热、隔声、价格低廉等优点，是应用最广泛的砌体材料之一。在建筑工程中主要用作墙体材料，其中优等品可用于清水墙和墙体装饰，一等品、合格品用于混水墙，而中等泛霜的砖不能用于潮湿部位。烧结普通砖也可用于砌筑柱、拱、烟囱、基础等，还可以与轻混凝土、加气混凝土等隔热材料混合使用，或者中间填充轻质材料做成复合墙体；在砌体中适当配置钢筋或钢筋网制作柱、过梁作为配筋砌体，代替钢筋混凝土柱或过梁等。

2. 烧结多孔砖

烧结多孔砖是以黏土、页岩、煤矸石或粉煤灰为主要原料，经焙烧而成、孔洞率不小于 25%，孔的尺寸小而数量多，主要用于承重部位的砖，简称多孔砖。

（1）尺寸和外观

烧结多孔砖砌筑时的孔洞方向与受力方向一致。其外形为直角六面体，如图 8-3 所示。目前多孔砖主要分为 P 型（240mm × 115mm × 90mm）砖和 M 型（190mm×190mm×90mm）砖两类。

图 8-3　烧结多孔砖外形

（2）强度等级

烧结多孔砖按抗压强度一般分为五个等级，分别是 MU30、MU25、MU20、MU15 和 MU10。

（3）密度等级

烧结多孔砖的密度等级分为 1000kg/m³、1100kg/m³、1200kg/m³ 和 1300kg/m³ 四个等级。

（4）烧结多孔砖的应用

烧结多孔砖的孔洞多与承压面垂直，单孔尺寸小，孔洞分布合理，非孔洞部分砖体较密实，具有较高的强度。

普通烧结砖有自重大、体积小、生产能耗高、施工效率低等缺点，用烧结多孔砖和烧结空心砖代替烧结普通砖，可使建筑物自重减轻 30% 左右，节约黏土 20%～30%，节省燃料 10%～20%，墙体施工功效提高 40%，并改善砖的隔热隔声性能。通常在相同的热工性能要求下，用空心砖砌筑的墙体厚度比用实心砖砌筑的墙体减薄半砖左右，所以推广使用多孔砖和空心砖是加快我国墙体材料改革、促进墙体材料工业技术进步的重要措施之一。

3. 烧结空心砖

烧结空心砖是以黏土、页岩、煤矸石、粉煤灰、淤泥（江、河、湖等淤泥）、建筑渣土及其他固体废弃物为主要原料，经焙烧，主要用于建筑物非承重部位，孔洞率不小于 40％，孔洞平行于大面和条面，且孔的尺寸大而数量少的砖。

（1）尺寸和外观

烧结空心砖尺寸应满足以下要求：长度不大于 365mm，宽度不大于 240mm，高度不大于 140mm，壁厚不小于 10mm，肋厚不小于 7mm。其实体外观如图 8-4 所示。在砂浆的结合面（大面与条面）上应增设增加结合力的深 1～2mm 的凹线槽。

图 8-4 烧结空心砖实体外观

（2）强度等级

烧结空心砖按抗压强度分为 MU10.0、MU7.5、MU5.0、MU3.5 四个等级。

（3）密度等级

《烧结空心砖和空心砌块》（GB/T 13545—2014）将烧结空心砖按体积密度分为 800 级、900 级、1000 级和 1100 级四个等级。

（4）烧结空心砖的应用

烧结空心砖和空心砌块自重轻、强度较低，多用于非承重墙，如多层建筑内隔墙和框架结构的填充墙、围墙等。其耐久性要求与烧结多孔砖基本相同。

4. 非烧结砖

不经焙烧制成的砖均为非烧结砖，如免烧免蒸砖、蒸压蒸养砖、碳化砖等。目前应用较广的是蒸养（压）砖。这类砖是以钙质材料（石灰、水泥、电石渣等）和硅质材料（砂、粉煤灰、煤矸石、矿渣、炉渣等）为主要原料，经坯料制备、压制成型，在自然条件下或人工蒸养（压）条件下发生化学反应，生成以水化硅酸钙、水化铝酸钙为主要胶结产物的硅酸盐建筑制品。

非烧结砖主要品种有灰砂砖、粉煤灰砖、炉渣砖等。与烧结普通砖相比,非烧结砖能节约土地资源和燃煤,且能充分利用工业废料,减少环境污染。其规格尺寸与烧结普通砖相同。

下面主要介绍蒸压灰砂砖、蒸压粉煤灰砖、炉渣砖。

(1)蒸压灰砂砖

以砂和石灰为主要原料,可掺入颜料和外加剂,经坯料制备、压制成型和高压蒸汽养护而成的砖称为蒸压灰砂砖。

根据《蒸压灰砂实心砖和实心砌块》(GB/T 11945—2019)的规定,灰砂砖按照抗压强度和抗折强度分为 MU25、MU20、MU15、MU10 四个强度等级。蒸压灰砂砖根据产品的尺寸偏差、外观质量、强度和抗冻性分为优等品(A)、一等品(B)、合格品(C)三个等级。

(2)蒸压粉煤灰砖

蒸压粉煤灰砖是指以粉煤灰、石灰或水泥为主要原料,掺加适量石膏和集料经混合料制备、压制成型、高压或常压养护或自然养护而成的粉煤灰砖。根据行业标准《蒸压粉煤灰砖》(JC/T 239—2014)规定,蒸压粉煤灰砖根据抗压强度和抗折强度分为 MU30、MU25、MU20、MU15、MU10 五个强度级别。蒸压粉煤灰砖根据尺寸偏差、外观质量、强度等级和干燥收缩分为优等品(A)、一等品(B)和合格品(C)。

(3)炉渣砖

炉渣砖原名煤渣砖,是利用工业废弃炉渣作为主要原料,加入一定量的(水泥、电石渣)石灰、石膏(作为胶粘剂和激发剂),经混合、压制成型、蒸养或蒸压养护而成的实心砖。它具有节能、节土、保护环境、隔热、保湿、隔声等优良性能,是一种替代烧结黏土砖的环保型新型建筑材料。20 世纪90 年代前,该产品在我国生产和应用缓慢。目前,在大中城市及经济较发达地区和农村的建筑工程中已普遍使用。炉渣砖可用于承重和围护墙体及基础材料。因为炉渣砖的原料是高温下形成的炉渣,是煤燃烧后的残渣,具有硅酸盐矿物的成分,这些成分在石灰和石膏碱性激发剂的作用下形成硅酸盐矿物,而形成的硅酸盐矿物是水硬性胶凝材料。随着时间的延长,硅酸盐矿物与水不断反应,砖的强度也会不断提高。

8.2 砌 块

砌块是指砌筑用的人造块材,多为直角六面体,也有各种异型的,如图 8-5 所示。砌块主规格尺寸中的长度、宽度或高度有一项或一项以上分别大于365mm、240mm或115mm，但高度不大于宽度的6倍，长度不超过高度的3倍。其近年来发展迅速，品种、规格很多，主要包括混凝土空心砌块（含小型和中型砌块两类）、蒸压加气混凝土砌块、轻集料混凝土砌块、粉煤灰砌块、煤矸石砌块、石膏砌块、菱镁砌块、大孔混凝土砌块等。其中，混凝土小型砌块、蒸压加气混凝土砌块、粉煤灰硅酸盐砌块和石膏砌块等在实际中的应用较多。由于砌块体积较大，不便于通过砍削来补充其错缝时在端头留下的不规则缺口，所以在我国实际应用中常采用普通砖与其配合使用。

图8-5 常见砌块实物

1. 烧结空心黏土砌块

烧结空心黏土砌块与砖的区别是其规格较大，并且按照主规格高度的范围分为大（＞980mm）、中（380~980mm）、小（115~380mm）三种，具体尺寸有很多，但按照《墙体材料术语》（GB/T 18968—2019）的规定，长度不超过高度的3倍，如图8-6所示。

图8-6 烧结空心黏土砌块

我国从秦代出现黏土砖后即开始使用黏土空心砖和砌块；到西汉时有过一段发展繁盛期，砌块表面手工花纹工艺精美，多用于铺地、墙面装饰、砌筑墓室；到东汉时空心砌块趋于消失；唐宋直至明清时期的史料中已看不到空心黏土砌块的生产记载。20世纪70年代，南京、西安等地率先开始现代烧结空心黏土砌块的生产，早期名称为拱壳空心砌块，还有孔洞率为44％的楼板空心砌块，以及孔洞率为49％的5孔楼板空心砌块，孔洞率为50％的10孔楼板空心砌块等。同时期也研制出用于装饰的画格砌块和大型砌块，但到目前为止，中、大型空心黏土砌块应用较少。国外的发展起源于公元前1世纪，大规模发展则始于20世纪60年代，其后至70年代产量迅速增长。

2. 蒸压加气混凝土砌块

蒸压加气混凝土砌块是在钙质材料（如水泥、石灰）和硅质材料（如砂子、粉煤灰、矿渣）的配料中加入铝粉作为加气剂，经加水搅拌、浇筑成型、发气膨胀、预养、切割，再经高压蒸气养护而成的多孔硅酸盐砌块，如图8-7所示。

图8-7　蒸压加气混凝土砌块

蒸压加气混凝土砌块施工方便，表观密度小，保温及耐火性能好，易于加工，抗震性能好，隔声性能好，但容易开裂，适用于低层建筑的承重墙，多层和高层建筑的非承重墙、隔断墙、填充墙及工业建筑的围护墙体。在无可靠的防护措施时，蒸压加气混凝土砌块不得长期浸水或经常受干湿交替作用，不得用于有侵蚀介质的环境中，也不得用于建筑物的基础和温度长期高于80℃的建筑部位。

砌筑工程砌筑前应先浇水润湿，采用切锯工具而不得用刀砍斧凿方式切砖，墙上不得留手脚印，底层靠近地面至少 200mm 以内宜采用耐水性好的烧结普通砖或多孔砖等代替加气混凝土砌块。除此以外，蒸压加气混凝土砌块不得与其他类型或不同密度、强度等级的砖、砌块混砌；与承重墙衔接处应在承重墙中预埋拉结钢筋，临时间断处应留斜槎。

3. 普通混凝土小型空心砌块

混凝土小型空心砌块是以普通水泥、砂石为原料，加水搅拌、振动加压成型，经养护而成，并且有一定空心率的砌块，如图 8-8 所示。

图 8-8　普通混凝土小型空心砌块

普通混凝土小型空心砌块具有强度较高、自重较轻、耐久性好、外表尺寸规整等优点，部分类型的混凝土砌块还具有美观的饰面及良好的保温隔热性能，适用于建造各种居住、公共、工业、教育、国防和安全性质的建筑，包括高层与大跨度建筑，以及围墙、挡土墙、桥梁、花坛等市政设施，应用范围十分广泛。混凝土砌块施工方法与普通烧结砖相近，在产品生产方面还具有原材料来源广泛、不毁坏良田、能利用工业废渣、生产能耗较低、对环境的污染程较小、产品质量容易控制等优点。

混凝土砌块在 19 世纪末起源于美国，经历了手工成型、机械成型、自动振动成型等阶段。混凝土砌块有空心和实心之分，有多种块型，在各国得到广泛应用，许多发达国家已经普及砌块建筑。我国从 20 世纪 60 年代开始对混凝土砌块的生产和应用进行探索。1974 年，国家建材局开始把混凝土砌块列为积极推广的一种新型建筑材料。20 世纪 80 年代，我国开始研制和生产各种砌块生产设备，有关混凝土砌块的技术立法工作也不断取得进展，并在此基础上建造了许多建筑。在 40 多年的时间里，我国混凝土砌块的生产和应用虽然取得了一些成绩，但仍然存在许多问题，例如，空心砌块存在强度不高、块体较重、易产生收缩变形、保温性能差、易破损、不便砍削加工等缺点，这些问题亟待解决。

4. 轻集料混凝土小型空心砌块

轻集料混凝土小型空心砌块是以陶粒、膨胀珍珠岩、浮石、火山渣、煤渣及炉渣等各种轻粗细集料和水泥按一定比例混合，经搅拌成型、养护而成的空心率大于 25%、体积密度小于 $1400kg/m^3$ 的轻质混凝土小砌块，如图 8-9 所示。

图 8-9　轻集料混凝土小型空心砌块

轻集料混凝土小型空心砌块具有质轻、高强、热工性能好、抗震性能好、利用废旧物等特点，被广泛应用于建筑结构的内外墙体材料，尤其是热工性能要求较高的围护结构上。

5. 粉煤灰砌块

粉煤灰砌块也被称为粉煤灰硅酸盐砌块，是以粉煤灰、石灰、石膏和集料为原料，按照一定的比例经加水搅拌、振动成型、蒸气养护而制成的一种密实砌块。

粉煤灰砌块适用于工业与民用建筑的墙体和基础，但不宜用于有酸性介质侵蚀的、密封性要求高的、易受较大振动的建筑物，也不宜用于经常处于常温或经常受潮的承重墙。

6. 轻集料泡沫混凝土砌块

轻集料泡沫混凝土砌块（图 8-10）是采用超轻陶粒（陶粒堆积密度小于 $400kg/m^3$）和泡沫混凝土（组分为水、水泥、粉煤灰、专用水泥发泡剂、专用促凝增强剂）经混合、模具成型、切割、养护而成，综合了陶粒和泡沫混凝土的优势，克服单一产品的缺点，使其泡沫混凝土陶粒砌块的表观密度小、强度高、隔热保温性能优、收缩率小、吸水率低、抗渗性能强、抗冻性好、防火和耐久性优、隔声吸声效果好、有很好的抗震、减震性。

图 8-10　轻集料泡沫混凝土砌块

8.3　墙用板材

我国目前可用于墙体的板材种类较多，各种板材都有其特色。板的形式分为薄板类、条板类和轻型复合板类。

8.3.1　薄板类墙用板材

薄板类墙用板材有纸面石膏板、GRC 平板、硅酸钙板、水泥刨花板等。

1. 纸面石膏板

纸面石膏板是以建筑石膏为胶凝材料，并掺入适量添加剂和纤维作为板芯，以特制的护面纸作为面层的一种轻质板材。纸面石膏板具有质量轻、隔声、隔热、加工性能强、施工方法简便的特点，根据用途的不同可分为普通纸面石膏板、防火纸面石膏板和防水纸面石膏板三个品种。根据形状不同，纸面石膏板的板边有矩形（PJ）、45°倒角形（PD）、楔形（PC）、半圆形（PB）和圆形（PY）五种。

普通纸面石膏板适用于建筑物的围护墙、内隔墙和顶棚。在厨房、厕所及空气相对湿度经常大于 70% 的潮湿环境使用时，必须采用相应的防潮措施。

防水纸面石膏板的纸面经过防水处理，而且石膏芯材也含有防水成分，因而适用于湿度较大的房间墙面。由于它有石膏外墙衬板和耐水石膏衬板两种，可用于卫生间、厨房、浴室等贴瓷砖、金属板、塑料面砖墙的衬板。耐火纸面石膏板主要用于对防火有较高要求的房屋建筑中。

2. GRC 平板

GRC 平板全称为玻璃纤维增强低碱度水泥轻质板，以耐碱玻璃纤维、低碱度水泥、轻集料与水为主要原料制成。GRC 平板具有密度低、韧性好、耐水、不燃、隔声、易加工等特点。

GRC 平板分为多孔结构及蜂巢结构，适用于工业与民用建筑非承重结构内隔断墙，主要用于民用建筑及框架结构的非承重内隔墙，如高层框架结构建筑、公共建筑及居住建筑的非承重内隔墙、浴室、厨房、阳台、栏板等。

3. 硅酸钙板

硅酸钙板是以无机矿物纤维或纤维素纤维等松散短纤维为增强材料，以硅质-钙质材料为主体胶结材料，经制浆、成型、在高温高压饱和蒸汽中加速固化反应，形成硅酸钙胶凝体而制成的板材。它是一种具有优良性能的新型建筑和工业用板材，其产品防火、防潮、隔声、防虫蛀、耐久性较好，是顶棚、隔断的理想装饰板材。

4. 水泥刨花板

水泥刨花板是以水泥和刨花（木材加工剩余物等）为主要原料生产的板材。此种板具有轻质、隔声、隔热、防火、防水、抗虫蛀，以及可钉、可锯、可钻、可胶合、可装饰等性能，适用于建筑物的隔墙板、地板、门芯等。

5. 玻镁平板

玻镁平板是由轻烧氧化镁（MgO）、氯化镁（$MgCl_2$）或硫酸镁（$MgSO_4$）、水（H_2O）和改性剂合理配制构成的四元体系，用玻纤网布或其他材料增强，以轻质材料为填料，经强制性搅拌、机械辊压而制成的平板，如图 8-11 所示。它主要用于室内非承重隔墙，具有耐高温、阻燃、吸声、防震、防虫、防腐、无毒、无味、无污染，可直接刷油漆、直接贴面，可用气钉、直接上瓷砖，表面有较好的着色性，强度高、耐弯曲，有韧性、可锯、可粘，装修方便。它还可以与多种保温材料复合制成复合保温板材。

8.3.2　条板类墙用板

条板类墙用板是长度为 2500~3000mm、宽度为 600mm、厚度在 50mm以上的一类轻质板材，可独立用作内隔墙。轻质板材主要有蒸压加气混凝土条板、轻质陶粒混凝土条板、石膏空心条板等。

图 8-11　玻镁平板

1. 蒸压加气混凝土条板

蒸压加气混凝土条板是以水泥石灰和硅质材料为基本原料，以铝粉为发气剂，配以钢筋网片，经过配料、搅拌成型和蒸压养护等工艺制成的轻质板材，如图 8-12 所示。

蒸压加气混凝土条板具有密度小，防火和保温性能好，可钉、可锯、容易加工等特点，主要适合做工业与民用建筑的外墙和内隔墙。

图 8-12　蒸压加气混凝土板

2. 轻质陶粒混凝土条板

轻质陶粒混凝土条板是以水泥为胶凝材料，以陶粒或天然浮石等为粗集料，以陶砂、膨胀珍珠岩、浮石等为细集料，经搅拌、成型、养护而制成的一种轻质墙板。其品种有浮石全轻混凝土墙板、页岩陶粒炉灰混凝土墙板及粉煤灰陶粒珍珠岩混凝土墙板。轻集料混凝土墙板生产工艺简单、墙的厚度减小，自重轻、强度高、绝热性能好，耐火、抗震性能优越，施工方便。浮石全轻混凝土墙板和页岩陶粒炉灰混凝土墙板适用于装配式民用住宅大板建筑。粉煤灰陶粒珍珠岩混凝土墙板适用于整体预应力装配式板柱结构。

3. 石膏空心条板

石膏空心条板是以建筑石膏为胶凝材料，适量加入各种轻质集料（膨胀珍珠岩、膨胀蛭石等）和改性材料（粉煤灰、矿渣、石灰、外加剂等），经拌和、浇注、振捣成型、抽芯、脱模、干燥而成，孔数为 7～9，孔洞率为 30%～40%。

石膏空心条板按原材料分为石膏珍珠岩空心条板、石膏粉煤灰硅酸盐空心条板和石膏空心条板；按防水性能分为普通空心条板和耐水空心条板；按强度分为普通型空心条板和增强型空心条板；按材料结构和用途分为素板、网板、钢埋件网板。石膏空心条板的长度为 2100～3300mm、宽度为 250～600mm、厚度为 60～80mm。该板生产时不用纸、不用胶，安装时不用龙骨，适合做工业与民用建筑的非承重内隔墙。

8.3.3 轻型复合类墙用板材

以单一材料制成的板材，常因其材料本身的局限性而使其应用受到限制。如质量较轻、保温、隔声效果较好的石膏板、加气混凝土板、纸面草板、麦秸板等，因耐水差或强度较低所限，通常只能用于非承重内隔墙，而水泥类板材虽有足够的强度、耐久性，但其自重大、隔声保温性能较差。为了克服上述缺点，常用复合技术生产出各种复合板材来满足墙体多功能的要求，并已取得良好的技术经济效果。常用的复合墙板主要由结构层（承受或传递外力）、保温层组成。结构层一般采用强度和耐久性较好的普通混凝土板或金属板，保温层多用矿棉、聚氨酯和聚苯乙烯泡沫塑料、加气混凝土，面层采用各种轻质板材。

1. 钢丝网架水泥夹芯板

钢丝网架水泥夹芯板是以两片钢丝网将聚氨酯、聚苯乙烯、酚醛树脂等泡沫塑料、轻质岩棉或玻璃棉等芯材夹在中间，两片钢丝网间与斜穿过芯材的之字形钢丝相互连接，形成稳定的三维结构，经施工现场喷抹水泥砂浆而成，如图 8-13 所示。

图 8-13　钢丝网架水泥夹芯板

钢丝网架水泥夹芯板在墙体中有三种应用方法：非承重内隔墙、钢筋混凝土框架的围护墙、绝热复合外墙。钢丝网架水泥夹心板近年来得到了迅速发展，具有强度高、质量轻、不碎裂、隔热、隔声、防火、抗震、防潮和抗冻等优良性能。

钢丝网架水泥夹芯板有集合式和整体式两种。两种形式均是用连接钢筋把两层钢丝网焊接成一个稳定的、性能优越的空间网架体系。

按照结构形式的不同及所采用保温材料的不同，可将钢丝网架水泥夹芯板分为以下种类：

（1）泰柏板：泛指采用聚苯乙烯泡沫板作为保温夹芯板的钢丝网架水泥夹芯板。

（2）GY 板：指钢丝网架中起保温作用的芯板，是岩棉半硬板。岩棉半硬板具有导热率小、不燃、价格低廉（原材料可采用工业废渣）等优点。

2. 金属夹芯板材

金属夹芯板材是以泡沫塑料或人造无机棉为芯材，在两侧粘上压型金属钢板而成，如图 8-14 所示。金属钢板分彩色喷涂钢板、彩色喷涂镀铝锌板、镀锌钢板、不锈钢板、铝板、钢板。金属夹心板具有以下优点：质量轻、强度高、高效绝热性；施工方便、快捷；可多次拆卸、可变换地点重复安装使用，有较高的耐久性；带有防腐涂层的彩色金属面夹芯板有较高的耐候性和抗腐蚀能力。它普遍用于冷库、仓库、工厂车间、仓储式超市、商场、办公楼、洁净室、旧楼房加层、活动房、战地医院、展览场馆和体育场馆及候机楼等的墙体和屋面。目前，彩色喷涂钢板的应用较普遍。

图 8-14　金属夹芯板材

3. 发泡水泥复合板

发泡水泥复合板主要由轻钢和发泡水泥复合而成，主要特点是质轻、高强、自带保温，并且寿命长。由于它集合了诸多良好的性能，能灵活地适用于各种建筑领域，并大大地提高建筑物的节能、防火性能及建设速度。其主要具有以下优点：

（1）作为主要材料的发泡水泥具有轻质、耐久、保温、隔热、隔声、防水、不燃、抗冲击、收缩率小的特点。

（2）施工安装方便又灵活，不带钢边框的板能刨、锯、钉等，可与任何结构体系配套使用。带钢边框的板在保证板材能够满足大跨度、高荷载的要求下，最大限度地减少自重，大幅降低建筑主体结构的荷载，减小建筑物整体造价，缩短施工周期，同时增加使用面积 8%～10%。

（3）发泡凝固后，形成蜂窝状封闭圆孔的产品，耐久性与建筑物同寿命，可广泛应用于建筑墙体。

参考文献

[1] 田卫明，段鹏飞. 建筑材料选用与检测［M］. 天津：天津大学出版社，2016.

［2］陈斌，江世永．建筑材料［M］．3 版．重庆：重庆大学出版社，2018.

［3］刘海堰，黄梅，胡升耀，等．建筑材料［M］．重庆：重庆大学出版社，2016.

［4］夏正兵．建筑材料［M］．南京：东南大学出版社，2016.

［5］张中．建筑材料检测技术手册［M］．北京：化学工业出版社，2011.

［6］胡新萍．建筑材料［M］．北京：北京大学出版社，2018.

［7］孙武斌．建筑材料［M］．北京：清华大学出版社，2009.

9

水泥制品

　　水泥制品就是以水泥为主要胶结材料制作的产品，如水泥管、水泥花砖、水泥板、水磨石、混凝土预制桩、排水管、电杆、管桩装饰制品等。水泥制品可以由水泥混凝土制成，也可以由水泥砂浆制成，大到房屋、道路、桥梁、水坝，小到水泥板、水泥砖、水泥包覆层等。

　　水泥制品具有成本低、使用广、性能好、健康无害等优点，目前我国的水泥制品已经在城镇市政建设、乡镇供水、邮电通信、电力输送、铁道交通、港口建设、工业与民用建筑等领域广泛使用，在房地产业、西部大开发、南水北调、西电东送、西气东输、青藏铁路等重大工程建设中发挥了重大作用。

9.1　混凝土与钢筋混凝土排水管

　　管壁内不配置钢筋骨架的混凝土排水圆管称为混凝土排水管。管壁内配置有单层或多层钢筋骨架的混凝土排水圆管称为钢筋混凝土排水管。钢筋混凝土排水管不仅用于排水系统，还用于农业灌溉、化工、燃气、矿山等多个领域。钢筋混凝土排水管的广泛使用与其自身的优点有关，主要包括以下优点：

　　（1）钢筋混凝土排水管质量佳，制造成本低，且钢筋混凝土排水管的生产工艺较为简单，制作速度较快，能够快速满足客户需求；

　　（2）钢筋混凝土排水管本身硬度较高，可以承受较强的水压，安全系数高；

　　（3）钢筋混凝土排水管结构合理，可以较好地组合连接在一起，保证了整体的严密性，避免了泄漏问题的发生；

　　（4）钢筋混凝土排水管内壁十分光滑，不容易发生杂质累积和堵塞，可保证其系统的畅通性；

　　（5）钢筋混凝土排水管十分坚固，是使用中材质最为稳定和抗震能力较强的。

9.2 预应力混凝土管

如图 9-1 所示，在混凝土管壁内建立有双向预应力的预制混凝土管称为预应力混凝土管，包括一阶段管和三阶段管。和钢筋混凝土管相比，预应力混凝土弥补了混凝土过早出现裂缝的现象，在构件使用（加载）以前，预先给混凝土一个预压力，即在混凝土的受拉区内，用人工加力的方法，将钢筋进行张拉，利用钢筋的回缩力，使混凝土受拉区预先受压力。这种储存下来的预加压力，当构件承受由外荷载产生拉力时，首先抵消受拉区混凝土中的预压力，然后随荷载增加，才使混凝土受拉，这就限制了混凝土的伸长，延缓或不使裂缝出现。

预应力混凝土管具有抗裂性好、刚度大、节省材料、减小自重等优点，可以减小混凝土梁的竖向剪力和主拉应力，提高受压构件的稳定性，提高构件的耐疲劳性能。

图 9-1 预应力混凝土管

9.3 预应力钢筒混凝土管

带有钢筒的高强度混凝土管，管壁缠绕预应力钢丝，喷以水泥砂浆保护层，采用钢制承插口，同钢筒焊在一起。承插口由凹槽和胶圈形成了滑动式胶圈的柔性接头。该种管是由钢板、混凝土、高强钢丝和水泥砂浆几种材料组成的复合结构，具有钢材和混凝土各自的特性。其可分为内衬式预应力钢筒混凝土管和埋置式预应力钢筒混凝土管两种。它适用于跨区域水源地之间的大型输水工程，自来水、工业和农业灌溉系统的供配水管网，电厂循环水管道，各种市政压力排污主管道和倒虹吸管等，在全球范围内广泛使用。

9.4 自应力混凝土输水管

利用自应力水泥膨胀力张拉钢筋或钢丝网而产生预应力的混凝土输水管，称为自应力混凝土输水管，如图 9-2 所示。自应力钢筋混凝土输水管是利用自应力水泥的膨胀力张拉钢筋而产生预应力的钢筋混凝土管，而预应力是在混凝土凝结前用机械把混凝土中的钢筋适度拉伸，在混凝土凝结后撤去外力，钢筋就会在混凝土里产生一个收缩的应力，使钢筋混凝土强度更大。与预应力相比，可以减少钢筋用量，节约钢材。

图 9-2 自应力混凝土输水管

9.5 环形混凝土电杆

截面呈圆环形的纵向受力钢筋为普通钢筋的混凝土电杆称为环形混凝土电杆。环形混凝土电杆由砂、石、水泥、钢材等组成，是电力架空线路及照明线路上普遍采用的水泥预制构件。尤其在电力架空输变电线路上使用的混凝土电杆更具有特殊的地位与重要性，主要用于 10kV 以下的配电线路和 35～220kV 的输电线路及变电站支柱。

环形混凝土电杆主要具有以下特点：

（1）环形截面电杆各向承载力相同；

（2）环形截面电杆比实心截面电杆节省材料、降低工程造价；

（3）环形截面电杆表面光滑、美观，便于运输，不易损坏；

（4）混凝土密实强度高；

（5）寿命长（30 ～50 年），不需维护。

9.6　先张法预应力混凝土管桩

管桩按混凝土强度等级分为预应力混凝土管桩和预应力高强混凝土管桩，具有预制质量高、节省劳动力、效率高、经济效益好等优点。预应力混凝土管桩的代号为 PC，预应力高强混凝土管桩的代号为 PHC。

管桩按外径分为 300mm、350mm、400mm、450mm、500mm、550mm、600mm、700mm、800mm、1000mm、1200mm、1300mm、1400mm 等规格。管桩按混凝土有效预压应力值分为 A 型、AB 型、B 型和 C 型。

9.7　硅酸钙板

硅酸钙板是以无机矿物纤维或纤维素纤维等松散短纤维为增强材料，以硅质-钙质材料为主体胶结材料，经制浆、成型、在高温高压饱和蒸汽中加速固化反应，形成硅酸钙胶凝体而制成的板材，如图 9-3 所示。其常见厚度为 6mm、8mm、10mm、12mm、15mm、20mm、24mm。

硅酸钙板作为新型绿色环保建材，除具有传统石膏板的功能外，更具有优越的防火性能及耐潮、使用寿命超长的优点，大量应用于建筑的顶棚和隔墙、家庭装修、家具的衬板、广告牌的衬板、仓库的棚板、网络地板及隧道等室内工程的壁板。

9.8　纤维水泥板

纤维水泥板是指以水泥为基本材料和胶粘剂，以矿物纤维水泥和其他纤维为增强材料，经制浆、成型、养护等工序而制成的板材，如图 9-4 所示。其常见厚度为 4～12mm。其按照密度可分为高、中、低三种类别，低密度板材切割后边缘较粗糙，高密度板材切割后边缘比较整齐。规格、密度等物理性能不同的纤维水泥板，其隔热、隔声性能是不同的，一般来说密度越高、厚度越厚的板材，其隔热、隔声性能越好。

图 9-3　硅酸钙板

图 9-4　纤维水泥板

纤维水泥板应用范围十分广泛，薄板可用于吊顶材料，可以穿孔作为吸声吊顶。常规板可用于墙体或装饰材料，室内（卫生间）隔板，幕墙衬板，复合墙体面板，户外广告牌，冶金、电炉隔热板，电工配电柜，变压器隔板等，厚板可当作 LOFT 钢结构楼层板、阁楼板、外墙保温板、外墙挂板等。纤维水泥板可用作国内各类发电厂、化工企业等电网密集场所的电缆工程的防火阻燃材料，也是大型商场、酒店、宾馆、文件会馆、封闭式服装市场、轻工市场、影剧院等公共场所室内装饰防火阻燃工程的最佳防火阻燃材料。

参考文献

［1］张中．建筑材料检测技术手册［M］．北京：化学工业出版社，2011.

［2］胡新萍．建筑材料［M］．北京：北京大学出版社，2018.

［3］孙武斌．建筑材料［M］．北京：清华大学出版社，2009.

［4］马清浩，杭美艳，段小宁．混凝土与水泥制品生产与管理［M］．北京：化学工业出版社，2015.

10

瓦

瓦主要用于屋面，常见的瓦有水泥瓦、玻纤瓦、彩钢瓦、新型陶瓷瓦，以及在材质上包含前四类统称欧式瓦的西方风格屋瓦。瓦种类很多，主要的分类方法是根据其原料分类，有黏土瓦、彩色混凝土瓦、石棉水混波瓦、玻纤镁质波瓦、玻纤增强水泥（GRC）波瓦、玻璃瓦、彩色聚氯乙烯瓦、玻纤增强聚酯采光制品、聚碳酸酯采光制品、彩色铝合金压型制品、彩色涂层钢压型制品、彩钢沥青油毡瓦、彩钢保温材料夹心板、琉璃瓦等。其中黏土瓦、彩色混凝土瓦、玻璃瓦、玻纤镁质波瓦、玻纤增强水泥波瓦、油毡瓦主要用于民用建筑的坡形屋顶；聚碳酸酯采光制品、彩色铝合金压型制品、彩色涂层钢压型制品、彩钢保温材料夹心板等多用于工业建筑；石棉水混波瓦、钢丝网水泥瓦等多用于简易或临时性建筑；琉璃瓦主要用于园林建筑和仿古建筑的屋面或墙瓦。

10.1 水泥瓦

1. 水泥瓦简介

水泥瓦又称混凝土瓦，1919 年世界上第一片水泥瓦诞生，"英红"在英格兰南部成立，标志着一个新的行业——水泥瓦的诞生。在我国，水泥瓦应用广泛，已获得广泛认可，许多设计师、建筑师与用户已将它作为水泥彩瓦的代名词。因其使用原材料是水泥，故常称为水泥瓦。高端水泥瓦通过辊压成型方式生产，中低端普及型产品通过高压经优质模具压滤而成。其制品密度大、强度高、防雨抗冻性能好、表面平整、尺寸准确。彩色水泥瓦色彩多样，使用年限长，辊压型通体水泥瓦颜色持久，造价适中。它既适用于普通民房，也适用于高档别墅及高层建筑的防水隔热。所以，彩色水泥瓦成为社会主义新农村建设和城市小区及高档别墅工程的新选择。

2. 水泥瓦分类

水泥瓦包括面瓦（主瓦）、脊瓦和各种配件瓦。

面瓦种类繁多，主要分为三大类，即波形瓦、S形瓦和平板瓦；根据生产工艺也可分为辊压瓦和模压瓦两大类。

（1）波形瓦是一种圆弧拱波形瓦，瓦与瓦之间配合紧密，对称性好，上下层瓦面不仅可以直线铺盖，也可以交错铺盖。由于波形不高，波形瓦不仅可用于屋顶作面瓦，还可用于接近90°的墙面做装饰，风格别致。

（2）S形瓦在欧洲叫西班牙瓦，其拱波很大，截面呈标准S形，盖于屋面，距离较远观赏时，波形也能看得很清晰，立体感远强于波形瓦。选用不同色彩工艺处理的S形瓦加以不同的铺盖方法，不仅可以体现出现代建筑的风格，也可以体现出中国古典建筑的风华，如在明代或清代住宅风格的屋顶上使用黑色S瓦，会给人清新古朴的感觉。

（3）平板瓦近10年来在美国最为流行，是沥青瓦的更新换代产品。它多彩平整，远看和沥青瓦的效果一样，近看则更显立体感和艺术性，如每一排瓦可以很整齐地排列铺盖，也可以有规律地高低错开排列铺盖，从而产生不同的艺术风格。与沥青瓦相比，它坚固厚重，不怕大风吹，不惧冰雹打，不易老化。据"世界砖瓦网"介绍，平板瓦根据不同的生产工艺又可分为仿木纹平板瓦、仿石型平板瓦、金鹰平板瓦、双外型平板瓦和阴阳型平板瓦多种，从而构成了多姿多彩的平板瓦坡屋面系统。仿石型平板瓦表面平整，通体有混合色彩，犹如石纹，与用"文化石"装饰的墙体相配合，古朴庄严。表面涂层型（表面喷涂了一层彩色水泥色浆）的平板瓦不仅色彩艳丽，且表面光滑，使灰尘污物无法留在瓦面上，每次下雨都是对屋面的一次清洁。

混凝土瓦的瓦配件有比较广泛的选择范围。目前可供选择的有圆形脊瓦、梯形脊瓦、山墙边瓦（又称檐口瓦或山墙脊）、平脊封头、斜脊封头、边瓦封头（又称檐口封）、避雷天线脊瓦、二通脊瓦、三通脊瓦、四通脊瓦、水沟瓦、不锈钢排水沟、墙与瓦面结合部的连接板、面瓦檐口支承封板（面瓦下封板）、S面瓦与骨瓦结合部的封闭板（S瓦上封板）、百叶窗等。

10.2 玻纤瓦

1. 玻纤瓦简介

玻纤瓦独特的质感与色彩能和多数的建筑风格相匹配，无论是现代的建筑还是传统的建筑，无论是别墅还是住宅楼，无论是复杂屋面还是简单屋面，多彩玻纤瓦都能带来独特的建筑风格。

多彩玻纤瓦屋面可抵御光照、冷热、雨水和冰冻等多种气候因素引起的侵蚀。防火等级测试达到国家规定的 A 级标准。多彩玻纤瓦除了用固定件固定外，其本身拥有特殊配方制作的自粘胶，当受到光和热的影响，达到有效温度时，它的自粘胶开始变得更有黏性，将两片瓦片牢牢地粘在一起，从而大大提高了抗风性，能使瓦片之间牢固黏合，形成一体，保证了屋面的整体性，可以抵御超过 98km/h 的超强风力。多彩玻纤瓦采用高温瓷烤颗粒，永不褪色，并且屋面不会在酸雨等恶劣城市环境的影响下出现锈蚀、花斑、青苔等现象。瓷烤颗粒经过防静电处理，屋面不易积灰而形成明显的污斑，即使在长期雨淋的条件下也不会积累水渍，经过雨水冲刷会显得更加洁净明艳。多彩玻纤瓦本身具有很长的使用期限，从 20～50 年不等。如果安装正确的话，多彩玻纤瓦屋面只需极少的维修甚至无须维修。多彩玻纤瓦使用屋面坡度为 10°～90°，而且由于玻纤瓦的柔韧性，它能根据复杂的建筑外型灵活运用，可以铺成锥形、球形、弧形等特形屋顶，并能积极地充当屋脊、瓦脊、沿口、凹沟的串演角色。

2. 玻纤瓦分类

（1）单层标准型

单层标准型玻纤瓦具有很强的抵抗性和适应性，经久耐用，极易安装。完美、丰富的颜色和样式保证了它和屋面类型及周围环境的完美搭配。

（2）双层标准型

双层结构的崭新技术使传统屋顶焕然一新。其独特的工艺创造了美丽的浮雕效果，不规则外形和颜色的错落有致，体现出一种与众不同的古典美感。哥特式样式新颖，无论是传统建筑还是现代建筑，都比较适用。其屋面效果非常独特，不规则、错列搭接的外型，使建筑屋面添加了多种颜色和无限动感，虽属于单层瓦，但能表现出双层的独特效果。同样其背面采用全被胶，增强了产品的使用寿命和抗风揭能力。

（3）鱼鳞形

鱼鳞形玻纤瓦能够适用于圆球形、锥形、扇形等不规则屋面，其独特的外型赋予了屋顶立体感和质地感，为曲线表面增添无限优美。马赛克型独特的六边形和彩色阴影设计使屋面呈现出完美的马赛克效果，铺盖的建筑整体给人新颖、独特的感觉，极为美观。

（4）方块形

方块形玻纤瓦适用于各种屋面，独特的外型赋予了屋顶传统瓦的立体感和质地感，且具有很强的抵抗性和适应性，经久耐用，极易安装。

由于多彩玻纤瓦的柔韧性，适用于弧形、圆形等屋面类型。多彩玻纤瓦融合多数的建筑风格，提供了一系列的色彩选择，以满足不同审美情趣的要求。颜色可用来配合和衬托其他建筑材料的自然色，如砖或石墙，涂料和外墙挂的板等的颜色，从而使环境变得更加和谐美观。

10.3　彩钢瓦

彩钢瓦是采用彩色涂层钢板，经辊压冷弯成各种波形的压型板，如图 10-1 所示。它适用于工业与民用建筑、仓库、特种建筑、大跨度钢结构房屋的屋面、墙面及内外墙装饰等，具有质轻、高强、色泽丰富、施工方便快捷、抗震、防火、防雨、寿命长、免维护等特点，现已被广泛推广应用。它具有以下特点：

质量轻：$10\sim14kg/m^2$，相当于砖墙的 $1/30$。

强度高：可作为顶棚、围护结构板材承重，抗弯抗压；一般房屋不用梁柱。

色泽鲜艳：无须表面装饰，彩色镀锌钢板防腐层保持期在 $10\sim15$ 年。

安装灵活快捷：施工周期可缩短 40% 以上。

图 10-1　彩钢瓦

10.4　新型陶瓷瓦

新型陶瓷瓦呈长方形，瓦体的正面有纵向凹槽，在凹槽上端的瓦体上有挂瓦挡头，瓦体的左、右两侧分别为左搭合边和右搭合边，在瓦体背面的下端有后爪凸台，瓦体背面的凸起部位有突出的后肋，如图 10-2 所示。这种陶瓷瓦结构合理，排水流畅，不会出现漏水现象，安装时，将各片陶瓷瓦互相搭合在一起即可，便利性好，搭合严密，连接牢固。

图 10-2　新型陶瓷瓦

瓦体可用陶瓷材料制成，抗折、抗压强度高，密度均匀，质量轻，不吸水，不会像缸瓦、水泥瓦那样因吸水增重而增大屋顶负荷，瓦体表面光滑平整，可有各种颜色，是现代化建筑的理想屋顶材料。

10.5　欧式瓦

欧式瓦是随着装修风格多样化而衍变产生的新品种，如图 10-3 所示。它是秉承了欧式元素而来的，给建筑的整体添加了不一样的风格。

图 10-3　欧式瓦

欧式瓦种类很多，主要的分类方法是根据其原料分类，有黏土瓦、彩色混凝土瓦、石棉水混波瓦、玻纤镁质波瓦、玻纤增强水泥（GRC）波瓦、玻璃瓦、彩色聚氯乙烯瓦等，每个种类对应的用途也不一样。

其实欧式瓦的应用范围很广，根据不同场所使用不同材质的欧式瓦，既可以体现不一样的装修风格，又能起到屋面瓦的功能效用。

10.6　R-PVC 塑料波形板瓦

R-PVC 塑料波形板瓦是以优质 PVC 树脂为主要原料，加入老化剂、稳定剂、阻燃剂、改性剂等高效助剂加工而成的。其产品性能优良，色泽鲜艳（有红、绿、蓝、白、咖啡等色），使用方便，广泛用于简易工棚、厂房、城乡集贸市场、公共设施风雨棚、农业温室及禽畜舍等建筑。

10.7　菱镁波形瓦

菱镁波形瓦是以菱苦土和氯化镁溶液制成氯氧镁水泥，加入玻璃纤维增强加工制成的，所以又称玻璃纤维氯氧镁水泥瓦。瓦体密实坚硬，具有防火、防水、耐寒等性能，可用作一般厂房、仓库、礼堂和工棚等建筑设施的覆盖材料，不宜用于高温、长期有水汽与腐蚀气体的场所。

菱镁波形瓦根据外形尺寸分为中波瓦、小波瓦和脊瓦三种。

10.8　木质纤维瓦

木质纤维瓦系利用废木料制成的木纤维，加入酚醛树脂防水剂后经高温、高压蒸养而成的一种轻型屋盖材料。它轻质高强、耐冲抗震、防水隔热，适于用作料棚、仓库、活动房屋、临时设施的屋盖材料和围护材料。

10.9　琉璃瓦

琉璃瓦采用优质矿石原料，经过筛选粉碎、高压成型、高温烧制而成，具有强度高、平整度好、吸水率低、抗折、抗冻、耐酸、耐碱、永不褪色等显著优点，广泛适用于厂房、住宅、宾馆、别墅等工业和民用建筑，如图 10-4 所示。

图 10-4　琉璃瓦

琉璃瓦是中国传统的建筑物件，通常施以金黄、翠绿、碧蓝等彩色铅釉，因材料坚固、色彩鲜艳、釉色光润，一直是建筑陶瓷材料中流芳百世的骄子。我国早在南北朝时期就在建筑上使用琉璃瓦件作为装饰物，到元代时皇宫建筑大规模使用琉璃瓦，明代十三陵与九龙壁都是琉璃瓦建筑史上的杰作。琉璃瓦经过历代发展，已形成品种丰富、形制讲究、装配性强的系列产品，常用的普通瓦件有筒瓦、板瓦、勾头瓦、滴水瓦、罗锅瓦、折腰瓦、走兽、挑角、正吻、合角吻、垂兽、钱兽、宝顶等。

琉璃瓦的成型方法一般包括挤制成型、手工印坯、注浆成型等，具体如下：

1. 挤制成型

琉璃瓦的普通瓦件筒瓦、板瓦采用挤制成型，挤坯机（如 TCL350 真空挤出机）是在搅泥机的出泥口加装一个与坯体尺寸相同的机头，搅泥要求真空度大于 0.12MPa，坯泥水分小于 18%。待坯挤出后，用钢丝切成瓦坯，放支架上晾干、修坯、干燥后烧成。

2. 手工成型和注浆成型

琉璃瓦中的勾头、滴水瓦件，以及走兽、钉帽、花窗和正吻、垂兽等构件采用手工成型或注浆成型。手工成型是将坯泥拍打成泥饼，在石膏模内压印出有花纹的坯体，稍干后起坯贴接，将工作面修整打光。手工成型的泥料水分为 22%。

3. 塑压成型（WD 成型压机）

西式瓦主要采用塑压成型，塑压泥料要抽取真空，泥料水分在 16% ～ 18%。我们使用的塑压成型机由湘潭高新陶瓷机械厂生产，单机日产量在 6000 片左右。

传统琉璃瓦用生铅釉以铅丹做助熔剂，主要着色剂是铁、铜、锰、钴等金属氧化物，属于 PbO-SiO_2 二元系统，在 850～1000℃ 温度中烧成。生铅釉随色剂含量多少的变化，直接影响釉色深浅变化，可获得层次丰富的色彩。

参考文献

[1] 张中. 建筑材料检测技术手册 [M]. 北京：化学工业出版社，2011.

[2] 胡新萍. 建筑材料 [M]. 北京：北京大学出版社，2018.

[3] 孙武斌. 建筑材料 [M]. 北京：清华大学出版社，2009.

[4] 刘大可. 中国古建筑瓦石营法 [M]. 2 版. 北京：中国建筑工业出版，2015.

11

合成高分子材料

高分子材料可称为聚合物材料，按照其来源可划分为合成高分子材料和天然高分子材料两大类。天然高分子材料均由生物体内生成，与人类有着密切的联系，如天然橡胶、纤维素、甲壳素、蚕丝、淀粉等。合成高分子材料是指用结构和相对分子质量已知的单体为原料，经过一定的聚合反应得到的聚合物。合成高分子采用的化学合成方式即聚合反应包括逐步聚合、自由基聚合、离子型聚合（阴离子聚合、阳离子聚合）、配位聚合、开环聚合及共聚合。建材领域常见的合成高分子材料有建筑塑料、建筑涂料、胶粘剂、合成纤维、土工合成材料等。

11.1 建筑塑料

11.1.1 建筑塑料的组成和分类

建筑塑料是以聚合物（或树脂）为主要成分，在一定的温度、压力条件下可塑制成一定形状，且在常温下能保持其形状不变的有机材料。塑料建材是继钢材、木材、水泥之后出现的第四大建筑材料。塑料建材具有节能节材、保护生态，以及提高建筑功能和质量、降低建筑自重等优点，市场应用日益扩大，发展前景广阔。

塑料的品种繁多，分类方式也有很多种：按所用树脂生产时的化学反应可分为聚合型、缩聚型和改性天然高分子型；按塑料受热后的行为可分为热塑性塑料和热固性塑料；按应用情况可分为通用塑料和工程塑料；按分子结构可分为烯烃类、乙烯基类、聚醚类、交联型等。

11.1.2 塑料建材的性能特点

（1）造形简易，成型周期短。塑料按受热后的行为可分为热塑性塑料和热固性塑料。热塑性塑料在加热时变软，冷却后变硬，并且这个过程可以反复进行。因此其造型非常方便，可以通过注射、挤出、压制、浇筑、真空成型、吹塑等多种方法成型，成型周期也非常短，可以进行大量连续生产。热固性塑料一般在受热时能够稍微软化，此时其具有可塑性，可以使用上述方法进行造型；继续加热后，就失去塑性开始固化，固化后就会永久失去可塑性，但是与其他材料相比，仍然容易造型和成型。

（2）质量轻、物理性能好。塑料的品种很多，其性能也各有各的特色；与其他材料相比，塑料具有质量轻、比强度高的优点。同时，不同品种的塑料还具有不同的物理机械性能，如耐化学腐蚀性、电绝缘性、耐磨性、耐冲击性等。

（3）价格便宜。与其他材料相比，塑料原材料获取容易，可重复利用。聚乙烯、聚丙烯、聚氯乙烯、聚苯乙烯等的价格相对于金属、矿石、木材等传统建材，有明显优势。

（4）耐热性不好。塑料的耐热性低，长期使用的温度一般不超过100℃，少数塑料可以在200℃以下使用。塑料的导热系数小，可作为隔热材料使用。

（5）易发生老化现象。塑料在长期负荷作用下，容易产生变形；在日光、大气、应力等介质作用下，易发生老化现象，如变色、开裂、机械强度下降等。

11.1.3 常见的建筑塑料制品

1. 塑料管材

目前常用的建筑管材有金属管材、复合管材和塑料管材。金属管材有镀锌钢管、铜管、铸铁管。镀锌钢管由于成本过高，易腐蚀、维修困难，已经逐渐退出市场；铜管耐久性好，使用寿命长，但在使用过程中，铜的析出量过高，不利于身体健康，所以限制使用；铸铁管成本低，但硬度小、易脆裂，应用量不大。复合管材是由两种或两种以上不同材料通过黏结、焊接等方式复合而成的，但是不同材料线膨胀系数不同，相邻管层接缝处易发生开裂，导致复合管材使用寿命较短。塑料管材质量轻、耐化学腐蚀性好，力学性能好、安装方便，已经成为管材市场的主力，应用前景广阔。

我国在20世纪80年代引进了欧美的成熟生产线，开始塑料管材的批量生产；20世纪末，随着国家政策的刺激，我国塑料管产业进入繁荣时代。

2020 年，塑料管材在各类管材中的占有率超过 55％。

常见的塑料管材有聚乙烯（PE）管材、聚氯乙烯（PVC）管材、聚丁烯（PB）管材和聚丙烯（PP）管材等，如图 11-1 所示。聚乙烯（PP）管材是使用最广泛的塑料管材之一，主要应用于地板采暖管材、燃气管道、输水管道等；聚氯乙烯（PVC）管材具有难燃、防火、耐化学腐蚀等优点，可用于建筑物排水系统、电缆管线及输送液体、气体的管线。由于耐热性不好，PVC 管材一般只在 60℃ 以下的环境中使用；聚丁烯（PB）管材的线膨胀系数与混凝土相近，能够长期在高负荷荷载下不变形，一般用于自来水管道、热水管道、采暖用的供热管道等；聚丙烯（PP）管道可分为无规共聚（PP-R）、嵌段共聚（PP-B）和均聚（PP-H）管材。PP-R 一般用于建筑物的冷热水系统，PP-B 用于冷水管道，PP-H 主要应用于输送化工药品。

(a) PE管材　　　　　　　　　　　(b) PVC管材

(c) PP管材　　　　　　　　　　　(d) PB管材

图 11-1　不同材质的塑料管道

2. 塑料门窗

门窗材料的要求如下：刚度高，外观时尚、使用寿命长，具备防腐蚀、防风化等能力。传统钢材、铝合金等金属材料，抗氧化能力差，自重大，逐渐被市场淘汰，而新型的塑料材料、复合材料等逐渐受到市场的高度关注与欢迎。

PVC 塑钢门窗是以 PVC 为主要材料制作而成的。这种门窗使用寿命较长，性价比也较高。虽然塑钢门窗在我国起步较晚，但发展迅速，已经广泛应用于门窗安装中，在中国的大街小巷随处可见。PVC 的导热系数仅为铝的 1/1250，具有优良的气密性、水密性、保温性等优点。采用塑钢门窗比用铝合金门窗采暖和制冷能耗节省 30%～50%。

PVC 材料制作的门窗也存在一定的问题，如施工中会有掉皮现象，使用久了颜色会发生改变，门窗也会产生变形。不过 PVC 塑钢门窗性价比高，是建筑门窗的首选。

铝塑门窗是近年发展较快的新型门窗类型，与塑钢门窗相比，铝塑门窗具备良好的热工性能，隔热保温效果好，封闭性好，环保效果好。铝塑门窗采用机械式连接方式，因此存在渗水现象。

3. 塑料装饰材料

在室内装饰设计过程中，材料的选择和运用至关重要。塑料具有质轻、性质稳定、易成型、易着色，加工成本低、加工方便、种类繁多、更容易实现室内设计对美感及色彩的创意等优势，在室内设计中的应用越来越广泛，从顶棚、墙面到地面等，都越来越多地采用了塑料材料。

室内顶棚是室内装饰的重要组成部分。顶棚具有保温、隔热、隔声等作用，也可以将电线、管道隐藏至隐蔽层。常用的塑料顶棚是 PVC 扣板，分为硬质和软质两种类型。近年来应用较多的各种新型 PVC 扣板，大多数属于硬质材料。这种扣板安装方便、价格便宜，还有许多花型供人们选择，主要用于厨房、阳台等部位。近年来出现的集成顶棚，将照明、烘干、供暖与扣板集成一体，并按标准的尺寸制作，方便更换和安装新设备。

应用在墙面的塑料装饰材料包括塑料壁纸、人造革、塑料贴面复合装饰板、铝塑复合板等。塑料壁纸的优点是美观、防潮防霉、防燃，同时粘贴方便、抗摩擦，后续保养也十分方便。目前，塑料壁纸已经占壁纸生产的很大一部分。

塑料地板的主要类型有硬质、半硬质、软质三类，包括 PVC、聚乙烯、PP 等塑料材质。PVC 仍然是应用最广泛的一种，这是由于 PVC 地板的特性带给使用者良好的体验。其安全性强，在潮湿、水渍等情形下具有更强的摩擦性。这种地板具有非常好的耐磨性且易于打理。在卫生间，可采用塑料防滑地板，以避免老年人磕碰和摔倒等。

11.2　建筑涂料

11.2.1　建筑涂料的组成和分类

涂料是涂敷于物体表面能干结成膜，具有防护、装饰、防锈、防腐、防水或其他特殊功能的物质。建筑涂料是涂料中的一个重要类别，具有装饰功能、保护功能和居住性改进功能等。

1. 涂料的组成

按所起的作用可将涂料的基本组成分为主要成膜物质、次要成膜物质、辅助成膜物质。

（1）主要成膜物质（胶粘剂）

建筑涂料中的主要成膜物质又称为基料，作用是将涂料中的其他物质黏结在被涂基材的表面，形成均匀的、连续的坚韧保护膜。基料的性质决定着所形成涂膜的耐水性、耐热性、硬度、耐磨性等物理性能。

我国的建筑涂料主要成膜物质以合成树脂为主，如乙烯醇系缩聚物、聚醋酸乙烯及其共聚物、丙烯酸酯及其共聚物、环氧树脂、氯化橡胶等。此外，还有松香、虫胶、沥青、亚麻仁油、桐油、大豆油等有机材料。

（2）次要成膜物质

在涂料工业中，颜料和填料也是构成涂膜的重要组成部分，但它们不会单独成膜，必须通过主要的成膜物质的作用，与主要成膜物质一起构成涂层，因此被称为次要成膜物质。

颜料按化学组成可分为有机颜料与无机颜料，按来源则可分为天然颜料和合成颜料。

填料大部分为天然矿物和工业副产品，如硫酸钡、碳酸钙、滑石粉和瓷土等，只起填充与骨架作用，可减少固化收缩，增加厚度和质感，提高耐磨性、抗老化性。

（3）辅助成膜物质

辅助成膜物质包括溶剂、水和助剂等。

溶剂是溶解油料、树脂而又易于挥发的有机物质。其主要作用是调整稠度、改善黏结性、增加渗透性、降低成本。溶剂主要有松香水、酒精、汽油、苯、二甲苯、丙酮和乙醚等。

助剂又称为辅助材料，作用是改善涂膜性能。其种类繁多，作用各不相同，如增塑固化剂、催干剂、抗氧化剂、防霉剂、发光剂等。

2. 涂料的分类

建筑涂料是用于建筑表面涂敷，能起防护、装饰及其他特殊功能的涂料。

（1）按建筑物的使用部位分类，可分为内墙涂料、外墙涂料、地面涂料、顶棚涂料等。

（2）按主要成膜物质分类，可分为有机涂料、无机涂料、有机无机复合涂料。

（3）按涂料的分散介质分类，可分为溶剂型涂料、水溶性涂料、乳液型涂料和粉末涂料等。

（4）按涂层分类，可分为薄涂层涂料、厚质涂层涂料、沙状涂层涂料等。

（5）按建筑涂料的特殊性能分类，可分为防水涂料、防火涂料、防霉涂料和防结露涂料等。

11.2.2 常见的建筑涂料

1. 内墙涂料

用于建筑物或构筑物内墙面装饰的建筑涂料称为内墙涂料。内墙涂料与人们生活或工作的关系非常密切，内墙涂料的装饰效果如涂膜手感、平整度和颜色、质感等，会受到人们更多的关注。因而，其装饰效果可以根据个人的喜好进行选择。内墙涂料会对室内环境产生较大的影响，应当具有适当的透气性和吸湿性；否则会造成墙面的结露、返潮、发霉，不利于室内环境的改善和居住舒适性的提高。另外，内墙涂料的环保性要求非常高，不能对环境和健康造成危害。除此以外，内墙涂料还应该具有适当的耐水性、耐碱性和耐擦洗性。

内墙涂料是建筑涂料中应用量最大的涂料品种，但内墙涂料的种类并不多，主要是丙烯酸酯或与烯类单体共聚的合成树脂乳液类涂料。内墙涂料按漆膜光泽分为平光、半光和有光等品种，其中平光型产品用量最大。高颜料体积浓度的低成本合成树脂乳液内墙涂料占我国内墙涂料用量的 60% 以上，其成膜物质绝大多数为苯丙乳液和纯丙乳液。

近年来，内墙涂料朝着健康型、精细型发展。涂料在基本装饰性能的基础上，具有杀菌、防霉及改善居室环境的功能。如市场已经有能够向空气中释放负离子的纳米涂料添加剂，起到净化居室环境的作用。精细型发展是指使用超细填料，对涂料进行精细加工，得到涂膜观感细腻、手感平滑和质感丰满的涂料。总之，内墙涂料的发展趋势是提高涂膜的装饰效果和增加涂料的功能。

2. 外墙涂料

外墙涂料具有安全性高、多功能性、造价低等优势，在我国逐渐代替传统的陶瓷面砖、大理石、铝合金等装饰材料，成为建筑工程的主要外墙装饰材料。近些年，外墙涂料逐渐向环保型、水性、多功能性的方向发展。

外墙涂料主要功能是装饰和保护建筑物的外墙面，使建筑物外貌整洁美观，从而达到美化城市环境的目的，同时能够起到保护建筑物外墙的作用，延长其使用寿命。为了获得良好的装饰和保护效果，外墙涂料一般应具备以下特点：

（1）装饰性好

要求外墙涂料色彩丰富多样，保色性好，能较长时间保持良好的装饰性能。

（2）耐水性好

由于外墙面暴露在大气中，要经常受到雨水的冲刷，故而外墙涂料应具有很好的耐水性能。

（3）耐沾污性能好

大气中的灰尘及其他物质沾污涂层后，涂层装饰效能会减弱，所以外墙装饰层要不容易被沾污或是沾污后容易清扫。

（4）耐候性好

暴露在大气中的涂层要经受日光、雨水、风沙、冷热变化等作用。在这些因素反复作用下，一般的涂层会发生开裂、剥落、脱粉、变色等现象，使涂层失去原有的装饰和保护功能。因此作为外墙装饰的涂层，在规定年限内不出现上述现象，就说明具有很好的耐候性。

3. 地坪涂料

地坪是指在建筑地面表面起到耐磨、装饰、洁净、防腐等功能作用的整体地面层及其构造系统。地坪分为水泥类和树脂类两大类。水泥类地坪分为水泥砂浆、耐磨混凝土和混凝土密封固化剂面层。这类产品就是在混凝土上铺设一个面层，改善混凝土表面性能。树脂类地坪涂料按照成膜物及涂装方式的不同，可分为丙烯酸涂料面层、聚氨酯涂层、聚氨酯自流平涂层、聚酯砂浆面层、环氧树脂自流平涂层、环氧树脂自流平砂浆和干式环氧树脂砂浆等。树脂类地坪是通过在水泥砂浆、混凝土、石材等表面进行涂装、对地面表面起保护、装饰或能发挥某种特殊功能的地坪系统。

目前国内多采用无溶剂地坪涂料进行涂装，极少数采用水性地坪涂料。无溶剂地坪主要为环氧地坪、聚氨酯地坪、聚脲地坪和PMMA（聚甲基丙烯酸甲酯）地坪。环氧地坪的特点是硬度高、光泽度高、反应速度慢，适合工艺烦琐的艺术地坪施工；聚氨酯地坪韧性高，可调节范围广，可应用于功能性地坪施工；聚脲地坪防水、防腐性能优异，施工速度快，是比较高端的地坪产品；PMMA地坪在耐候性、低温固化性方面优异，大量应用于道路交通、桥梁等户外工程项目中。

11.2.3　功能性建筑涂料

1. 防火涂料

在建筑防火领域，防火涂料因为能够发挥可靠的防火功能，并且成本低、施工简便、无结构空间限制，已经成为建筑钢结构、混凝土楼板、木质隔墙等的首选防火材料。其中，广泛应用的是饰面型、钢结构和预应力混凝土三类防火涂料。钢结构膨胀型防火涂料用量最大，占防火涂料总用量的2/3。

2. 防水涂料

防水涂料是在数量上应用最大的功能性建筑涂料。这类涂料在地下室外墙、底板、卫生间等场合的防水工程中得到大量的应用。

3. 防腐、防锈涂料

随着市政工程、工业建筑、近海建筑或海洋建筑的混凝土构筑物的大量出现，以及化学工业、食品工业等工业建筑防腐的要求，防腐涂料得到大量应用。建筑防腐涂料是在此基础上，通过引用新型原材料，对涂料性能进行改进，从而产生满足新的应用场合要求的新型高效防腐涂料。该类涂料主要有聚氨酯类、环氧树脂类、氯化橡胶类及无机类等。

4. 防霉涂料

防霉涂料是适用性强、应用较为成功的功能性建筑涂料。在饮料、食品、奶制品、烟草和地下储库等易受霉菌侵蚀的场所，高效的防霉涂料已经成为无法替代的功能性材料，对生产环境和卫生安全起到重要作用。

5. 其他功能性建筑涂料

其他功能性建筑涂料如防结露涂料、隔声涂料、夜光涂料、荧光涂料、防蚊虫涂料、抗沾污防涂鸦涂料、防静电涂料等，都有较成熟的发展和市场应用。

11.3 胶粘剂

11.3.1 胶粘剂的组成

胶粘剂是一种靠界面作用（化学力或物理力）把各种固体材料牢固的黏结在一起的物质，又叫黏结剂或胶合剂，简称"胶"。

胶粘剂的应用领域非常广泛，涉及建筑、包装、航天、航空、电子、汽车、机械设备、医疗卫生、轻纺等国民经济的各个领域。

不同类型的胶粘剂，其组分有多有少，不甚相同。胶粘剂主要由基料、固化剂和促进剂、偶联剂、稀释剂、填料、增塑剂与增韧剂及其他组分（添加剂）组成。下面仅介绍几种重要组分。

1. 基料

基料是决定胶粘剂性能的主要成分，能起到黏结的作用。作为基料的物质可以是天然高分子、合成树脂及合成橡胶。天然高分子有淀粉、蛋白质、天然橡胶和树胶，以及无机材料如硅酸盐、硝酸盐等。

2. 固化剂和促进剂

固化剂又称硬化剂、交联剂，是热固性胶粘剂的最主要成分之一。固化剂是胶粘剂中最主要的配合材料，直接或者通过催化剂与主体聚合物反应。固化结果是把固化剂分子引进树脂中，使分子间距离、形态、热稳定性、化学稳定性等都发生明显的变化，使树脂由热塑型转变为网状结构。促进剂是一种主要的配合剂，可加速胶粘剂中主体聚合物与固化剂的反应，缩短固化时间、降低固化温度。

3. 稀释剂

稀释剂是为了降低胶粘剂的黏度，增加胶粘剂的浸透力，控制胶粘剂干燥速度而使用的低分子量液体化合物。胶粘剂的基料一般为固态或黏稠液体，再加上固体填料和助剂。其不易加工，必须加入一定量的稀释剂降低黏度，提高胶粘剂对被黏物的浸透能力。

稀释剂分非活性和活性稀释剂。非活性稀释剂一般为有机溶剂，如丙酮、环己酮、甲苯、二甲苯、正丁醇等。活性稀释剂是能参加固化反应的稀释剂，分子端基带有活性基团，如环氧丙烷苯基醚等。

4. 增塑剂与增韧剂

增塑剂一般为低黏度、高沸点的物质，如邻苯二甲酸二丁酯、邻苯二甲酸二辛酯、亚磷酸三苯酯等，因而能增加树脂的流动性，有利于浸润、扩散与吸附，能改善胶粘剂的弹性和耐寒性。

增韧剂是一种带有能与主体聚合物起反应的官能团的化合物，在胶粘剂中成为固化体系的一部分，从而改变胶粘剂的剪切强度、剥离强度、低温性能与柔韧性。

11.3.2 建筑胶粘剂的分类

1. 按用途分类

按使用用途的不同，建筑胶粘剂主要可以划分为建筑胶和装饰胶。常用的建筑胶有聚氨酯、沥青、硅酮、硅烷等；装饰胶主要用于室内装修、美缝等，主要有氯丁橡胶、环氧树脂等。

2. 按使用性能分类

按使用性能的不同，建筑胶粘剂可以分为五种类型：无溶剂液体胶粘剂、热熔性胶粘剂、乳液型胶粘剂、水溶性胶粘剂和溶剂型胶粘剂。其中，无溶剂液体胶粘剂最为常见，如环氧树脂胶粘剂。

3. 按材料来源分类

按材料来源的不同，胶粘剂可以分为天然胶粘剂和人工胶粘剂两种类型。天然胶粘剂是采用自然界物质生产加工制成的，常用原料有淀粉、蛋白质、动植物胶等；人工胶粘剂是采用化工原料经过加工制成的胶粘剂。人工胶粘剂的应用是比较广泛的，而天然胶粘剂中只有沥青是建筑领域中常用的。

11.3.3 常用的胶粘剂

1. 醋酸乙烯共聚物胶粘剂

醋酸乙烯共聚物胶粘剂是醋酸乙烯单体经聚合反应而得到的一种热塑性水乳型胶粘剂，俗称"白乳胶"。它具有胶结强度高、无毒、快干、无味等优点，以黏结各种非金属为主。

2. 聚乙烯醇胶粘剂

聚乙烯醇胶粘剂是由聚醋酸乙烯水解而成，外观为白色或微黄色的絮状物或粉末。其性能介于塑料和橡胶之间，可分为纤维和非纤维。

由于聚乙烯醇胶粘剂具有独特的强力黏结性、皮膜柔韧性、平滑性、耐油性、耐溶剂性、保护胶体性、气体阻绝性、耐磨性及经特殊处理具有的耐水性，因此除了作为纤维原料外，还被大量用于生产涂料、胶粘剂、纸品加工剂、乳化剂、分散剂、薄膜等产品，应用范围遍及纺织、食品、医药、建筑、木材加工、造纸、印刷、农业、钢铁、高分子化工等行业。

3. 环氧树脂胶粘剂

环氧树脂胶粘剂由环氧树脂、硬化剂、增塑剂、填料等材料组成。其具有黏结强度高、韧性好、耐热、耐酸、耐水、收缩性小和良好的化学稳定性等特点，适用于各种金属及陶瓷、玻璃、硬质塑料的黏结。

4. 合成橡胶胶粘剂

合成橡胶胶粘剂是以合成橡胶为基料制得的合成胶粘剂。其黏结强度不高，耐热性不好，属于非结构胶粘剂，但具有优异的弹性，使用方便、初粘力强。合成橡胶胶粘剂可用于橡胶、塑料、织物、皮革、木材等柔软材料的黏结，或金属-橡胶等热膨胀系数相差比较大的两种材料的黏结，是机械、交通、建筑、纺织、塑料、橡胶等工业部门不可缺少的材料。

5. 硅酮胶粘剂

硅酮胶粘剂成分主要有颜料、聚合物、催化剂、交联剂、增黏剂和其他添加剂等，具有非自流性，即不受自身重力影响，不会出现流动现象。这一优点使硅酮胶粘剂在建筑侧壁黏合使用中不会出现下陷、塌落等问题，应用效果良好。由于具有良好性能的和较佳的密封效果，它成为建筑领域中应用最广的一种胶粘剂。

11.4 合成纤维（建筑用纺织品）

11.4.1 合成纤维的制造

合成纤维是以石油、天然气、煤及农副产品为原料，经过一系列的化学反应合成高分子化合物，再经过加工而制得的纤维。合成纤维主要分为通用合成纤维、高性能合成纤维和功能合成纤维。

合成纤维是经过有机化合物单体制备与聚合、纺丝和后加工三个环节完成的。合成纤维的原料以有机高分子化合物为主要成分，并添加了提高纤维加工和使用性能的某些助剂，如二氧化钛、油剂、染料和抗氧剂等，制成的成纤高聚物。

将成纤高聚物的熔体或浓溶液用纺丝泵连续、定量而均匀地从喷头的毛细孔中挤出，使其成为液态细流，再在空气、水或特定的凝固浴中固化成为初生纤维的过程，称为纤维成型或纺丝。纺丝方法主要有熔体纺丝法

［图 11-2（a）］和溶液纺丝法。溶液纺丝法又分为湿法纺丝和干法纺丝 ［图 11-2（b）］。因此，合成纤维主要有三种纺丝方法。纺丝成型后得到的初生纤维的结构还不完善，物理机械性能较差，必须经一系列后加工（主要是拉伸和热定型工序），使其性能得到提高和稳定。

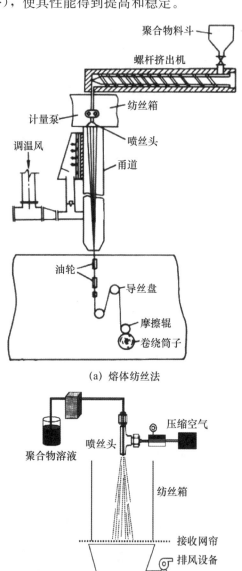

（a）熔体纺丝法

（b）溶液纺丝法（干法）

图 11-2　合成纤维纺丝方法

11.4.2 建筑用纺织品概况

将新型纺织材料与建筑进行结合，可实现建筑结构的轻量化、功能化及结构多元化，对建筑行业的高质量发展具有重要意义。一般来说，建筑用纺织品是指在建筑领域中作为特殊建筑材料使用的纺织品，目前主要包括建筑用膜结构材料、建筑用防水材料、建筑用隔声隔热材料及建筑用纤维增强材料。其中以建筑用膜结构材料的产业应用最为广泛和成熟。

建筑用纺织品在欧美等发达国家和地区的发展已经有近 40 年的历史，我国在近年来也开始应用和发展。如图 11-3 所示的"水立方"的外表面就大量使用了膜结构材料。未来随着人们对高品质生活需求的提高，新型建筑及相关的建筑材料包括建筑用纺织品将迎来新的发展机遇。

图 11-3 "水立方"（国家游泳中心）

11.4.3 建筑用纺织品的分类及主要应用领域

按照功能属性，建筑用纺织品可分为建筑用增强材料、建筑用膜结构材料、吸声隔热材料、建筑防水材料和其他材料五大类。

（1）增强材料主要为纤维增强混凝土材料，如聚合物纤维混凝土、植物纤维混凝土、高性能纤维混凝土（碳纤维、玻璃纤维、陶瓷纤维等）、金属纤维混凝土等。

（2）建筑用膜结构材料主要为玻纤（PTFE）、玻纤（PVC）、聚酯（PVC）、玻纤/硅树脂等。采用骨架式、张拉式或充气式结构，应用在大跨度建筑结构中。

（3）隔声隔热材料主要为多空及异型截面材料，使用机织、针织和非织造形式。

（4）建筑防水材料主要使用纺织品作为卷材的胎体材料和增强材料，如玻纤胎、聚酯胎、复合胎、聚丙烯纤维胎等。

（5）其他材料多为新型建筑材料，如智能建筑材料，包括自增强混凝土、自修复混凝土等。

11.4.4　合成纤维的应用及发展趋势

1. 建筑轻量化

建筑轻量化有助于解决建筑自重过大、抗震性不佳等问题。纺织材料作为一种轻质高强材料，在建筑轻量化中的优势明显。尤其是碳纤维、芳纶等高性能纤维的应用，在减轻建筑物质量、增强其使用寿命，提高抗震性等方面发挥了重要作用。碳纤维复合材料具有轻质高强、耐热性好、耐腐蚀等优异性能。日本是率先将碳纤维制品用于建筑结构的国家，我国较多使用碳纤维进行建筑的加固改造和修复。

2. 使建筑设计更灵活、经济

膜结构是建筑体系中具有独特形态和性能的材料，可以创造出传统建筑材料无法实现的建筑设计方案。同时，建筑膜结构具有质轻、柔性、透光等特点，建筑师可以利用其特质设计大跨度建筑结构和实现节能型建筑的灵活设计。ETFE膜材料是织物膜结构中应用最为广泛的一种材料，由乙烯和四氟乙烯共聚物制成。其厚度小、质量轻，具有极佳的延展性、透光性和紫外线阻隔性能。另外，其具有自清洁功能，经水冲刷即可达到清洁效果，非常适用于体育场、文化馆、车站等建筑。

3. 提升建筑舒适性

为减少噪声对人们正常生产生活所带来的影响，在建筑物中合理利用吸声降噪材料是关键。目前，具有该功能的纺织品在建筑中常被用于窗帘、幕布、地毯和天花板等。另外，纺织材料还可与特殊的建筑结构相结合，从而呈现出优异的声学效果，可以在音乐厅、剧院使用。在保温隔热方面，纺织纤维材料的孔隙率高，可以储存静态空气，具有很强的热能储存与隔热效果；纺织隔热材料可以用来包裹房屋外部，阻隔外部湿润空气进入从而获得保温隔热效果。

11.5 土工合成材料

11.5.1 土工合成材料概述

土工合成材料是以高分子聚合物为原料的新型建筑材料，广泛应用于建筑各个领域。土工合成材料的种类很多，依据其应用及相关标准，可分为土工织物、土工膜、土工复合材料、土工格栅、土工网、土工格室、土工发泡材料、土工排水材料及其他土工合成材料九大类。其中具有透水性的布状织物被称为土工织物，俗称土工布。织物的成分多是人造聚合物，常用的有聚丙烯（丙纶）、聚酯（涤纶）、聚乙烯、聚酰胺（锦纶）、尼龙和聚偏二氯乙烯等。

从国内外来看，土工合成材料行业已经发展为技术含量高、应用领域广、产品附加值高的一类产业，在亚洲、欧洲等地区形成了一定的市场规模及一批具有实用价值的创新成果。土工织物是土工合成材料中的重要品类，在工业建筑、道路工程等领域有较广泛的应用。

11.5.2 土工合成材料的分类

1. 按原料分

土工合成材料（土工布）按原料分为天然纤维土工布和合成纤维土工布。天然纤维主要来源于自然界中的动植物，具有可生物降解、可再生等优点。虽然天然纤维土工布用量不大，但其在短期工程中的临时保护、土地修复及植被保护等方面具有天然优势。其可与土壤混合，可在土壤中降解，成本较低。主要的天然纤维土工布有麻纤维、椰壳纤维等。

合成纤维土工布具有强度高、耐腐蚀等优点，大多数土工织物中都会用到合成纤维，包括 PET、PE、PP 聚酰胺（PA）、聚乙烯醇等。其中，PP 的使用量最大，PET 次之。除此以外，聚氯乙烯（PVC）、乙烯共聚物改性沥青树脂等也有少量应用。

2. 按加工工艺分

土工合成材料（土工布）按加工工艺分为机织土工布、针织土工布、非织造土工布和复合工艺土工布。机织土工布是使用较早的一种土工布，常见的结构为平纹或斜纹，主要特点是强度高、延展率低、结构紧凑；针织是将纱线制成土工织物最简单的方法之一，分为纬编和经编两种形式。前者加工成的织物拉伸性能较好，多用于过滤及排水管袋制备，使用较少。经编织物相对更加稳定，具有较高的抗拉强度，切割不会脱散，适合工业应用。

非织造土工布将短纤维或者长丝直接制成网状或絮状物，如图 11-4 所示。采用这种工艺的好处是纤维在产品结构中可随机三维分布，产品具有一定的厚度和蓬松度，更有利于土工织物的过滤、排水和防护等功能的实现。非织造土工布分为厚型和薄型两种，前者主要用于滤层材料，后者一般与其他材料复合使用。复合土工布一般由两种或者两种以上类别的土工材料复合而成。复合方法主要有机械法和热熔黏合法两种。

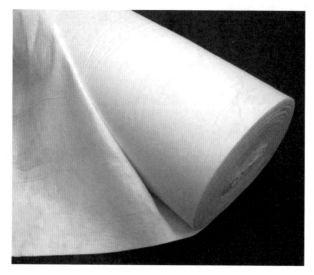

图 11-4　非织造土工布

11.5.3　土工合成材料的功能

土工合成材料在土木工程中的应用非常广泛，目前主要涉及以下几个功能。

1. 隔离功能

将土工合成材料置于两种不同的岩土材料间，防止其相互混合或掺杂，形成稳定的界面，有利于材料保持各自的整体性与完整性。隔离土工合成材料必须具有较高的强度，主要应用于公路、铁路、机场等建设工程中。

2. 过滤功能

土工合成材料的过滤作用就是保证有流体通过时其周围的细小土壤颗粒能够不被带走。过滤是土工合成材料最常见的功能，多应用于公路、铁路、水利及海绵城市等领域。

3. 排水功能

土工合成材料是良好的透水材料，可用于道路路基、挡土墙排水，以及水利工程中土石坝排水、城市排水等。

4. 加固作用

土工合成材料可以增加软土的承载能力或者增加土壤与其他表面的摩擦力，提高稳定性。在土木工程中，这种加固作用又被称为加筋。

5. 防护作用

土工合成材料可以将应力扩散开，防止应力集中，防止土体因外力作用而被破坏，多应用于护岸、护坡、河道治理及地下工程等。

6. 防渗功能

土工合成材料与沥青、树脂、膨润土等进行复合加工后，得到具有防水抗渗及密闭性的功能材料。此类土工合成材料以非织造合成材料和薄膜复合较多，主要用于水利工程的堤坝和水库抗渗，以及蓄水池、游泳池、垃圾填埋场等的防渗防漏。

参考文献

[1] 朱俊. 塑料制品开创建筑材料的新时代 [J]. 橡塑资源利用，2012 (1)：29-34.

[2] 孙东帅，刘畅. 塑料管材发展现状 [J]. 科技经济导刊，2017 (35)：60.

[3] 谢梦媛. 塑料在室内装饰材料中的应用 [J]. 合成树脂及塑料，2020 (5)：99-102.

[4] 张雪芹，徐峰. 我国内墙涂料现状与发展 [J]. 涂料工业，2006 (1)：41-43.

[5] 李连惠，季建霞，杜单珉，等. 环保型地坪涂料的技术进展 [J]. 涂料技术与文摘，2015 (10)：43-50.

[6] 徐峰. 功能性建筑涂料的应用与发展 [J]. 涂料工业，2005 (4)：42-47.

[7] 汪建国. 建筑胶粘剂的应用及研发进展 [J]. 化学与粘合，2016 (5)：382-390.

[8] 刘凯琳，赵永霞. 建筑用纺织品的发展现状及趋势 [J]. 纺织导报（2019 产业用纺织品专刊）：79-89.

[9] 刘凯琳，赵永霞，张娜. 土工合成材料的发展现状及趋势展望 [J]. 纺织导报（2019 产业用纺织品专刊）：6-28.

12

再生建筑材料

建筑材料可分为可再生材料和不可再生材料。由废弃建（构）筑物、废弃建筑材料经回收、再加工后为主要原材料生产加工而成的建筑材料称为循环再生建筑材料。根据原材料的物理属性，循环再生建筑材料包括但不限于以下五类：

A 类：循环再生集料、矿物掺合料、砂浆、混凝土及制品。

B 类：循环再生陶瓷、玻璃及石材等。

C 类：循环再生沥青混凝土等。

D 类：循环再生塑料管件、管材及橡胶等。

E 类：循环再生木材、木制品等。

建筑中的再生材料既包括能直接循环使用的建筑材料，又包括经少量加工处理后可循环再利用的建筑材料，例如因地制宜的原生材料和旧建筑拆卸的材料及废弃轮胎等利废回收材料等。材料的"再生"涵盖建筑材料的直接再利用、间接再利用及循环再利用的生态性特征。按照多层次的利用特征，再生材料可分为可直接再利用的再生自然原材料、间接再利用的人工合成的再生降解材料，以及可循环再利用的生活、工业回收的再生材料。

12.1　可再生的自然原材料

可再生的自然原材料指建筑材料中因地制宜、就地取材的天然原材料，如图 12-1 所示。其来源主要有两个方面：一是从旧建筑中拆卸下来，可循环再利用的木材、竹材、石材、砖材等；二是建筑所在地周边环境利于得到的自然原材料。自然原材料包括竹材、原木、生土、石材等天然材料。

图 12-1 可再生的自然原材料

12.2 人工合成的再生降解材料

人工合成的再生降解材料（图 12-2）指在采集、制造或者再利用及废弃处理等过程中，需要经过加工处理而成的再生材料。可利用原材料中木材、竹材、石材、砖材等人工合成再生降解材料。

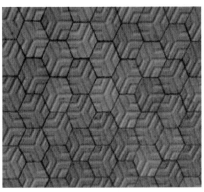

图 12-2 人工合成的再生降解材料

12.3 生活、工业等回收的再生材料

生活、工业等回收的再生材料指通过物理、化学等方法解体或者直接循环再利用的建筑材料。例如，废旧轮胎、玻璃瓶、塑料瓶、易拉罐等可回收生活垃圾和砖、瓦、木、石、玻璃、金属等其他回收循环和再利用的建筑废

弃材料，如图 12-3 所示。

图 12-3　生活、工业回收的再生材料

工业、矿业、农业等领域的某些废弃物也可用于制备混凝土及其他建筑材料，实现废弃物的再生利用。下面介绍几种比较典型的再生材料。

1. 建筑垃圾

建筑垃圾是指新建、扩建、改建和拆除各类建筑物、构筑物、管网及居民装饰装修房屋过程中所产生的弃土、弃料及其他废弃物。建筑垃圾的产生方式见表 12-1，建筑施工垃圾和旧建筑物拆除垃圾组成成分的比较见表 12-2。

表 12-1　城市建筑垃圾按来源分类

类别	产生方式及内容
土地开挖垃圾	由开挖基坑、沟槽，进行地质勘察或其他方式产生的
道路开挖垃圾	由开挖或者凿除原废弃的沥青混凝土道路产生的
建筑施工垃圾	建筑物施工和装饰装修过程中产生的碎石混凝土、砌块等
旧建筑物拆除垃圾	由拆除旧建筑物产生的，主要有砌块碎石、混凝土、钢材等几类，数量巨大，组成复杂
建材生产垃圾	建材生产和加工运输过程中产生的废料废渣、碎块碎片等

表 12-2　建筑施工垃圾和旧建筑物拆除垃圾组成成分的比较

成分	百分比（%）	
	建筑施工垃圾	旧建筑物拆除垃圾
沥青	0.15	1.59
混凝土块	18.42	54.13
碎石块	23.83	11.63
渣土、泥浆	30.55	11.82

续表

成分	百分比（%）	
	建筑施工垃圾	旧建筑物拆除垃圾
瓷砖	5.02	6.35
砂石	1.72	1.44
碎玻璃	0.56	0.20
废金属料	4.34	3.41
废塑料	1.13	0.61
竹料、木材	10.95	7.41
其他有机物	3.05	1.29
其他杂物	0.28	0.12
合计	100	100

建筑垃圾经拣选处理后，其中量比较大的混凝土块、碎石块（或碎砖块）可以用作混凝土集料，通常被称为"建筑垃圾再生集料"，也可作为道路工程材料。渣土、泥浆也可通过一定的技术处理，制备一种岩土工程材料，用于填筑工程等。

2. 金属尾矿

尾矿是选矿中分选作业的产物，是目标组分含量较低而无法用于生产的部分，也就是矿石经选别出精矿后剩余的固体废料，是工业固体废物的主要组成部分。由于矿种不同，尾矿成分具有较大差异。金属尾矿中通常含有一定量的 SiO_2 和 Al_2O_3，因此经粉磨等处理后可以作为煅烧水泥的原料、制备混凝土或砂浆用掺合料，尾矿废石经破碎、整形等处理后还可直接作为制备混凝土或砂浆采用的粗细集料。

3. 农作物秸秆

中国是农业大国且农作物种类较多，具有丰富的秸秆资源。我国秸秆年总产量约占全世界秸秆年总产量的50%，是世界第一秸秆大国。

秸秆作为一种建筑墙体材料，最早出现在 19 世纪的美国，距今已有100 多年的历史。1884 年，第一幢秸秆建筑建于内布拉斯加州。当时的人们由于缺乏最基本的建造房屋的材料（木材和石头），为了躲避冬季的严寒，只好以稻草茎作为建筑材料建造临时住宅。他们把稻草茎捆成巨大的砖块，在修建中利用秸秆砖墙直接支撑屋顶。

秸秆的主要成分是纤维素、半纤维素与木质素，与木材的主要成分相同，但是秸秆的一些特点（如季节性强、一些秸秆表面有硅化物蜡质层等，以及我国的收割、运输、储存等配套设施和技术相对不够完善）在一定程度上限制了秸秆资源的推广利用。我国从 20 世纪 80 年代开始进行秸秆人造板、稻草板等方面的研究。自 1999 年起，黑龙江、内蒙古、宁夏等地先后出现了利用稻草砌块建造的农宅和小学，位于北京的农村试点节能改造工程中也以秸秆砌块作为墙体保温材料。目前秸秆建材在国内建筑中的应用仍然非常稀少，一些秸秆建材仍处于试验推广阶段。近几年随着国家鼓励充分利用秸秆资源相关政策的颁布，秸秆建材在全国范围内正逐步得到推广应用。目前国内秸秆建材的主要种类有秸秆加筋土、秸秆砖、稻草板、秸秆人造板材、秸秆-镁质胶凝材料复合板材等。

参考文献

［1］杨彬新，田竺鑫，李吉榆．我国的建筑垃圾资源化现状及对策研究［J］．住宅与房地产，2017（17）：283.

［2］刘红光，罗斌，申士杰，等．秸秆建材的研究与发展现状概述［J］．林业机械与木工设备，2019，047（005）：4-12.

［3］中华人民共和国商务部．循环再生建筑材料流通技术规范：SB/T 10904—2012［S］．北京：中国标准出版社，2013.

［4］万梦琪．再生材料在建筑中的设计应用及审美研究［D］．徐州：中国矿业大学，2019.

13

其他建筑材料

13.1 建筑玻璃

1. 玻璃的组成

玻璃是以硅砂、纯碱、长石和石灰石等为主要原料，经熔融、成型、冷却固化而成的非结晶性无机材料。其组成很复杂，主要化学成分是 SiO_2（70%左右）、Na_2O（15%左右）、CaO（8%左右）和少量的 MgO、Al_2O_3、K_2O 等。这些成分对玻璃的性质起着十分重要的作用，改变玻璃的化学成分、相对含量及制备工艺，可获得性能和应用范围截然不同的玻璃制品。为使玻璃具有某种特性或者改善玻璃的某些性质，常在玻璃原料中加入一些辅助原料，如助熔剂、着色剂、脱色剂、乳浊剂、澄清剂、发泡剂等。

2. 玻璃的分类

玻璃的种类很多，有不同的分类方法。

玻璃按化学成分的不同分为硅酸盐玻璃、磷酸盐玻璃、硼酸盐玻璃、铝酸盐玻璃、锗酸盐玻璃等。随着科学技术的发展，人们又研制出硫系玻璃、卤化物玻璃、卤氧化物玻璃、氮氧玻璃及金属玻璃等，其中以硅酸盐玻璃应用最广。硅酸盐玻璃是以 SiO_2 为主要成分，另外还含有一定量的 Na_2O 和 CaO，故又被称为钠钙硅酸盐玻璃。

按原料配合的不同分为钠玻璃、钾玻璃、铅玻璃等。以 SiO_2、CaO 和 Na_2O 为主要原料的叫作钠硅酸盐玻璃；若以 K_2O 代替 Na_2O，并提高 SiO_2 含量，则成为制造化学仪器用的钾硅酸盐玻璃；若引入 MgO，并以 Al_2O_3 替代部分 SiO_2，则成为制造无碱玻璃纤维和高级建筑玻璃的铝硅酸盐玻璃。用 PbO 代替 Na_2O 的叫作铅玻璃。建筑工程中大都采用钠玻璃或钾玻璃。铅玻璃的光学性能好，用于制造光学玻璃仪器。

按特殊用途分为光纤玻璃、溶胶-凝胶玻璃、生物玻璃、微晶玻璃、石英玻璃、光学玻璃、防护玻璃、半导体玻璃、激光玻璃、超声延迟线玻璃及声光玻璃等。

建筑玻璃是用作建筑物的门、窗、屋面、墙体及室内外装饰、采光、遮像、隔声、隔热、防护的玻璃总称。有各种平板玻璃及其加工制品，如普通窗玻璃、压花玻璃、吸热玻璃、热反射玻璃、釉面玻璃、玻璃锦砖、中空玻璃板、波形玻璃板、槽形玻璃等；还有玻璃空心砖、泡沫玻璃、微晶玻璃等。建筑玻璃具有采光和防护的功能，是良好的隔声、隔热和艺术装饰材料。随着建筑玻璃品种的发展、强度的提高及加工方法的优化，它已得到越来越多的应用，而且应用将更加广泛。

3. 玻璃的生产工艺

玻璃是以石英砂、纯碱、长石和石灰石等为主要原料，在高温下熔融成液态，经拉制或压制而成的非结晶体透明状的无机材料。普通玻璃的主要化学组成为 SiO_2、Na_2O 和 CaO 等，特种玻璃还含有其他化学成分。

建筑玻璃一般为平板玻璃，采用的制造工艺是引拉法和浮法。

引拉法是将高温液体玻璃冷至较稠时，从耐火材料制成的槽子中挤出，然后将玻璃液体垂直向上拉起，经石棉辊成型，并截成规则的薄板。这种用传统方法制成的平板玻璃容易出现波筋和波纹。

浮法工艺制造的平板玻璃表面平整，光学性能优越，不经过辊子成型，而是将高温液体玻璃经锡槽浮抛，玻璃液回流到锡液表面，在重力及表面张力的作用下摊成玻璃带，向锡槽尾部拉引，经抛光、拉薄、硬化和冷却后退火而成。

4. 玻璃的性质

（1）玻璃是脆性材料

玻璃的密度为 $2.45 \sim 2.55 g/cm^3$，孔隙率接近于零。玻璃没有固定熔点，液态玻璃有极大的黏性，冷却后形成非结晶体，并具有各向同性。

普通玻璃的抗压强度一般为 $60 \sim 200 MPa$，抗拉强度为 $40 \sim 80 MPa$。其弹性模量为 $(6 \sim 7.5) \times 10^4 MPa$，脆性指数（弹性模量与抗拉强度之比）为 $1300 \sim 1500$，是脆性较大的材料。

（2）玻璃的光学性能

玻璃具有其他材料不可比拟的优良的光学性能，是各种材料中唯一能利用透光性控制和隔断空间的材料，广泛应用于建筑的采光和装饰部位。太阳光射向玻璃时，玻璃会对太阳光产生吸收、反射、透射三种作用。这三种作用的强弱可分别以吸收率、反射率、透光率表示。不同用途的玻璃，这三项指标的大小不同。当用于需要采光照明的部位时，要求其透光率高一些，如质量好的 2mm 厚的窗用玻璃，其透光率可达到 90%。当用于需要透光并且隔热部位时，希望玻璃具有较高的反射率，通过改变玻璃表面状态，通常热反射玻璃的反射率可达 40% 以上。一些需要隔热、防眩的部位使用的玻璃，不仅对光线的吸收率较高，同时又具有良好的透射性。这种源于其内部结构非结晶性的光学透明性，使玻璃非常适合用作建筑物门窗开口部位的采光材料，这是其他材料所不能代替的。

玻璃的透光性良好。2~6mm 的普通窗玻璃光透射比为 80%，随厚度增加而降低，随入射角增大而减小。

玻璃的折射率为 1.50~1.52。玻璃对光波吸收有选择性，因此，在玻璃内掺入少量着色剂，可使某些波长的光波被吸收而使玻璃着色。

（3）玻璃的热物理性质

玻璃的比热与化学成分有关，玻璃的热稳定性差，原因是玻璃的热膨胀系数虽然不大，但导热系数小，弹性模量高。所以，当产生热变形时，在玻璃中产生很大的应力，从而导致炸裂。

（4）玻璃的化学性质

玻璃的化学稳定性很强，除氢氟酸外，能抵抗各种介质腐蚀作用。

5. 常用的建筑玻璃

（1）平板玻璃

所谓平板玻璃，就是板状的硅酸盐玻璃，其厚度远远小于其长度和宽度，上下表面平行。平板玻璃是建筑玻璃中用量最大的一种，主要用于一般建筑的门窗，起透光、挡风雨、保温和隔声等作用，同时也是深加工为具有特殊功能玻璃的基础材料，如图 13-1 所示。

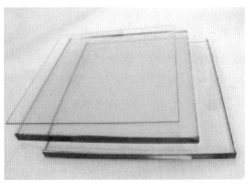

图 13-1　平板玻璃

国家标准规定，引拉法玻璃按厚度分为 2mm、3mm、4mm、5mm 四类；浮法玻璃按厚度分为 2mm、3mm、4mm、5mm、6mm、8mm、10mm、12mm、15mm、19mm 十类。标准要求单片玻璃的厚度差不大于 0.3mm。标准规定，普通平板玻璃的尺寸不小于 600mm×400mm；浮法玻璃尺寸不小于 1000mm×1200mm 且不大于 2500mm×3000mm。目前，我国生产的浮法玻璃原板宽度可达 2.4～4.6m，可以满足特殊使用要求。

平板玻璃包括以下几种：

① 窗用平板玻璃

窗用平板玻璃也称镜片玻璃，简称玻璃，主要装配于门窗，有透光、挡风雨、保温、隔声等作用。其厚度一般为 2mm、3mm、4mm、5mm、6mm 五种，其中 2～3mm 厚的常用于民用建筑；4～5mm 厚的主要用于工业及高层建筑。

② 磨砂玻璃

磨砂玻璃又称毛玻璃，是用机械喷砂、手工研磨或使用氢氟酸溶蚀等方法将普通平板玻璃表面处理为均匀毛面而制成的。该玻璃表面粗糙，使光线产生漫反射，具有透光不透视的特点，且使室内光线柔和。磨砂玻璃常用于卫生间、浴室、厕所、办公室、走廊等处的隔断，也可作为黑板的板面。

③ 彩色玻璃

彩色玻璃也称有色玻璃，在原料中加入适当的着色金属氧化剂可生产出透明的彩色玻璃。另外，在平板玻璃的表面镀膜处理后可制成透明的彩色玻璃。彩色玻璃适用于公共建筑的内外墙面、门窗装饰及对采光有特殊要求的部位。

④ 彩绘玻璃

彩绘玻璃是一种用途广泛的高档装饰玻璃产品。屏幕彩绘技术能将原画逼真地复制到玻璃上。彩绘玻璃可用于家庭、写字楼、商场及娱乐场所的门窗、内外幕墙、顶棚、灯箱、壁饰、家具、屏风等，利用其不同的图案和画面达到较高艺术情调的装饰效果。

（2）安全玻璃

安全玻璃是为了减少玻璃的脆性，提高强度，改变玻璃碎裂时带尖锐棱角的碎片飞溅，容易伤人的现象，对普通的平板玻璃进行增强处理，或者和其他材料复合或采用特殊成分制成的。安全玻璃常包括以下品种：

① 钢化玻璃

常见的钢化玻璃是将平板玻璃加热到接近软化温度（600～650℃）后迅

速冷却使其骤冷，表面形成均匀的预加应力，从而提高玻璃的强度、抗冲击性和热稳定性，如图 13-2 所示。

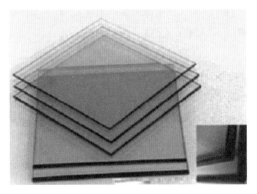

图 13-2　钢化玻璃

钢化玻璃的抗弯强度比普通玻璃大 3～5 倍，可达 200MPa 以上，抗冲击强度和韧性可提高 5 倍以上，弹性好，热稳定性高，在受急冷急热作用时不易发生炸裂，最大安全工作温度为 288℃，能承受 204℃ 的温差变化，故可用来制造炉门上的观测窗、辐射式气体加热器、干燥器和弧光灯，也可用于高层建筑的门窗、幕墙、隔墙、屏蔽等。钢化玻璃受损破碎时形成无数带钝角的小块，不易伤人。

② 夹层玻璃

夹层玻璃也称防弹玻璃，是将两片或多片平板玻璃之间嵌夹透明塑料薄衬片，经加热、加压、黏合而成的平面或曲面的复合玻璃制品，如图 13-3 所示。其层数有 3、5、7 层，最多可达 9 层。

图 13-3　夹层玻璃

夹层玻璃的透明度好，抗冲击性能比平板玻璃高几倍，破碎时只产生裂纹和少量碎玻璃屑，且碎片粘在薄衬上，不致伤人。

夹层玻璃主要用作汽车和飞机的挡风玻璃、防弹玻璃，以及有特殊安全要求的建筑门窗、隔墙、工业厂房的天窗和某些水下工程等。

③ 夹丝玻璃

夹丝玻璃是在平板玻璃中嵌入金属丝或金属网的玻璃。夹丝玻璃一般采用压延法生产，在玻璃液进入压延辊的同时，将预先编织好的经预热处理的钢丝网压入玻璃中而制成，如图 13-4 所示。

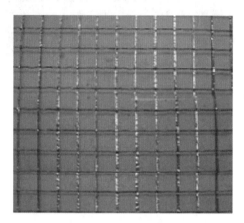

图 13-4　夹丝玻璃

夹丝玻璃的耐冲击性和耐热性好，在外力作用或温度剧变时，玻璃裂而不散粘连在金属丝网上，避免碎片飞出伤人，发生火灾时夹丝玻璃即使受热炸裂，仍能固定在金属丝网上，起到隔断火焰和防止火灾蔓延的作用。

夹丝玻璃适用于振动较大的工业厂房门窗、屋面、采光天窗，需要安全防火的仓库、图书馆门窗，公共建筑的阳台、走廊、防火门、楼梯间、电梯井等。

（3）节能玻璃

节能玻璃是兼具采光、调节光线、调节热量进入或散失、防止噪声、改善居住环境、降低空调能耗等多种功能的建筑玻璃。

① 吸热玻璃

吸热玻璃是指能大量吸收红外线辐射，又能使可见光透过并保持良好的透视性的玻璃。当太阳光照射在吸热玻璃上时，相当一部分的太阳辐射能被吸热玻璃吸收（可达 70%），因此可以明显降低夏季室内的温度。常用的吸热玻璃有茶色、灰色、蓝色、绿色、古铜色、青铜色、金色、粉红色、棕色等。

吸热玻璃在建筑工程中广泛应用，凡既需采光又需隔热之处均可使用，尤其适用于炎热地区需避免眩光的建筑物门窗或外墙墙体等，起隔热、防眩的作用。

② 热反射玻璃

热反射玻璃是既具有较高的热反射能力又保持平板玻璃良好透光性能的玻璃，又称镀膜玻璃或镜面玻璃。

热反射玻璃具有良好的隔热性能，对太阳辐射热有较高的反射能力，一般反射率都在 30％以上，最高可达 60％，而普通玻璃对热辐射的反射率为 7％～8％。其玻璃本身还能吸收一部分热量，使透过玻璃的总热量更少。热反射玻璃的可见光部分透过率一般在 20％～60％，透过热反射玻璃的光线变得较为柔和，能有效地避免眩光，从而改善室内环境，可有效地防止太阳辐射。

热反射玻璃主要用于建筑的门窗或幕墙等部位，不仅能降低能耗，还能增加建筑物的美感，起到装饰作用。

③ 中空玻璃

中空玻璃是由两片或多片平板玻璃用边框隔开，中间充以干燥的空气，四周边缘部分用胶接或焊接方法密封，使玻璃层间形成有干燥气体空间的产品，如图 13-5 所示。中空玻璃可以根据要求选用各种不同性能和规格的玻璃原片，如浮法玻璃、钢化玻璃、夹层玻璃、夹丝玻璃、压花玻璃、彩色玻璃、热反射玻璃等。原片的厚度通常为 3mm、4mm、5mm、6mm，中空玻璃总厚度为 12～42mm。

图 13-5　中空玻璃

中空玻璃不仅有良好的保温隔热性能，还有良好的隔声效果，可降低室外噪声 25～30dB。此外，中空玻璃还可降低表面结露温度。

中空玻璃主要用于需要采暖、空调、防止噪声等的建筑上，如住宅、饭店、宾馆、办公楼、学校、医院、商店等处的门窗、天窗或玻璃幕墙。

（4）真空玻璃

真空玻璃是指两片或两片以上平板玻璃以支撑物隔开，周边密封，在玻璃间形成真空层的玻璃制品，如图 13-6 所示。真空玻璃是基于保温瓶原理拓展而来的。中间的真空层阻断了热传导和对流，具有超保温、防结露结霜、隔声等功能，是可以替代中空玻璃的一种新型绿色环保产品。真空玻璃比中空玻璃起步晚，但由于其比中空玻璃具有很强的综合性能优势，具有很好的发展前景。

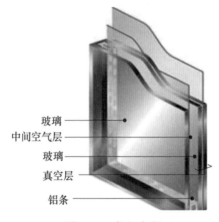

玻璃
中间空气层
玻璃
真空层
铝条

图 13-6　真空玻璃

真空玻璃比中空玻璃薄，最薄只有 6mm，现有住宅窗框原封不动即可安装。由于真空玻璃薄、轻，可以减少窗框材料，减轻窗户和建筑物的质量。真空玻璃可以与另一片玻璃或者真空玻璃与真空玻璃组合成中空玻璃，其热导率更为优越。真空玻璃也可以和钢化、夹层、夹丝、贴膜等技术组合，具有防火、隔声、安全等功能。这些组合玻璃即所谓的"超级玻璃"。

真空玻璃主要用于建筑业的门窗和幕墙，与单层玻璃相比，每年每平方米窗户可节约 700MJ 的能源，相当于一年节约用电 192kW·h。真空玻璃还可用于冷藏展示柜上，具有比单片玻璃和中空玻璃优越的隔热性能和防结露性能。此外，真空玻璃的应用还可以拓宽到交通领域，如车、船，以及需要透明、隔热、节能、隔声等的其他领域。

（5）装饰玻璃

装饰玻璃是指用于建筑物表面装饰的玻璃制品，也叫饰面玻璃，包括板材和砖材。现代建筑的装饰效果尽显建筑的个性风采，装饰玻璃不仅体现玻璃的透光、透明特性，并且从艺术的角度对建筑进行装饰，营造特殊的建筑环境氛围。

① 彩色玻璃

彩色玻璃也叫有色玻璃或颜色玻璃，有透明和不透明两种。彩色玻璃是在玻璃原料中加入一定量的着色剂（主要是各种金属氧化物）而制成的。彩色玻璃的彩面可用有机高分子涂料制得，也可以通过化学热解法、真空溅射法、溶胶-凝胶法等现代工艺在玻璃表面形成彩色膜而制成。

彩色玻璃的颜色有红、黄、蓝、黑、绿、灰色等十余种，清澈透明。它可按设计的图案分割后用铅条或黄铜条在窗框中拼装成大面积花窗及镶拼成其他各种图案花纹，并有耐蚀、抗冲刷、易清洗等特点，主要用于建筑物的内、外墙和门窗，以及对光线有特殊要求的部位。

有时在玻璃原料中加入乳浊剂（萤石等）可制得乳浊有色玻璃。这类玻璃透光而不透视，具有独特的装饰效果。

不透明彩色玻璃又名釉面玻璃或玻璃贴面砖，是以要求尺寸的平板玻璃、磨光玻璃或玻璃砖等为基料，在玻璃表面的一面喷涂上各种易熔性色釉液，再在喷涂液表面均匀地撒上一层玻璃碎屑，以形成毛面，然后加热到彩釉的熔融温度（500～550℃），使釉层、玻璃碎屑与玻璃三者牢固地结合在一起，再经退火或钢化而成。该玻璃可用作内外墙的饰面材料。

② 玻璃锦砖

玻璃锦砖又称玻璃马赛克或玻璃纸皮砖，是一种小规格的彩色饰面制品。玻璃锦砖是半透明的玻璃质材料，呈乳浊或半乳浊状，一般尺寸为 20mm×20mm、25mm×25mm、30mm×30mm，厚度为 4.0mm、4.2mm、4.3mm，背面有槽纹，有利于与基面黏结，如图 13-7 所示。为便于施工，出厂前将玻璃锦砖按设计图案反贴在牛皮纸上，规格为 327mm×327mm，称为一联，亦可采用其他尺寸。

玻璃锦砖可做成三十多种颜色，色泽鲜艳，色调柔和，朴实、典雅，美观大方，且有透明、半透明、不透明三种，装饰效果好。玻璃锦砖具有化学性能稳定、冷热稳定性好等优点，此外还具有不变色、不积灰、下雨自洗、历久常新、质量轻、与水泥黏结性能好等优点，是良好的外墙装饰材料。也可将各种颜色的、形状不规则的玻璃小块拼成图画，装饰窗及屋顶等。如将玻璃锦砖的尺寸做大些，还可制成表面色调仿造大理石、花岗石的玻璃制品等。

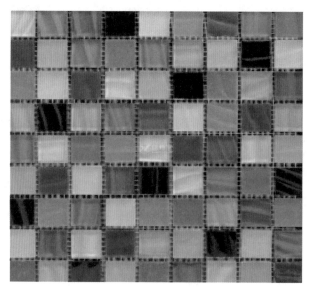

图 13-7　玻璃锦砖

③ 花纹玻璃

花纹玻璃包括压花玻璃和喷花玻璃，其中以压花玻璃最为常见。压花玻璃用压延法生产，一面平整，另一面有凹凸不同的花纹。压花玻璃可使室内光线柔和悦目，具有良好的装饰效果。

压花玻璃是将熔融的玻璃液在急冷中、玻璃硬化前，由带图案花纹的辊轴滚压，在玻璃的单面或两面压出深浅不同的各种图案而成的制品，又称滚花玻璃，如图 13-8 所示。压花玻璃分为普通压花玻璃、真空冷膜压花玻璃和彩色膜压花玻璃三种，其一般规格为 800mm×700mm×3mm，尺寸不得小于300mm×400mm，也不得大于 1200mm×2000mm。

压花玻璃具有透光不透视的特点，这是由于其表面凹凸不平，当光线通过时产生漫射，因此，从玻璃的一面看另一面的物体时，物像模糊不清。压花玻璃表面有各种图案花纹，具有一定的艺术装饰效果，多用于办公室、会议室、浴室、卫生间，以及公共场所分离室的门窗和隔断等处。使用时应注意的是，如果花纹面安装在外侧，不仅很容易积灰弄脏，而且沾上水后，就能透视，因此，安装时应将花纹朝向室内。

喷花玻璃也叫胶花玻璃，是在平板玻璃表面贴上花纹图案，再抹上护面层，然后经喷砂处理而成。喷花玻璃花纹美丽，透光而不透视，所以宾馆大厦特别是沿街的酒楼、商店都乐于采用。一般厚度为 6mm，最大加工尺寸为2200mm×1000mm。

图 13-8　压花玻璃

④ 磨砂玻璃

磨砂玻璃又称毛玻璃，是将平板玻璃的表面经机械喷砂、手工研磨或氢氟酸溶蚀等方法处理成均匀的毛面。磨砂玻璃具有透光而不透明的特点。由于光线通过磨砂玻璃后形成漫反射，光线不刺眼，具有避免炫目的优点。

磨砂玻璃用于要求透光而不透视的部位，如卫生间、浴室、办公室的门窗及隔断等处，安装时应将毛面朝向室内。磨砂玻璃还可用作黑板、灯具等。

⑤ 激光玻璃

激光玻璃也称光栅玻璃或镭射玻璃，是以玻璃为基材的新一代建筑装饰材料，经特种工艺处理后，玻璃背面出现全息或其他几何光栅，在阳光、月光、灯光等光源照射下，形成物理衍射分光而出现艳丽的七色光，且在同一感光点或感光面上会因光线入射角的不同而出现色彩变化，使被装饰物显得华贵高雅、富丽堂皇。

激光玻璃的颜色有银白、蓝、灰、紫、红等多种。按其结构有单层、普通夹层和钢化夹层之分；按外形有花形、圆柱形和图案产品等。激光玻璃适用于酒店、宾馆和各种商业、文化、娱乐设施的装饰。

⑥ 微晶玻璃

微晶玻璃亦称玻璃陶瓷或微晶陶瓷，根据其组成、结构及性能的不同，在国防、航空航天、电子、化工、生物医学、机械工程和建筑等领域作为结构材料、功能材料、建筑材料得到了广泛应用。

微晶玻璃的生产过程除了增大热处理工序以外，同普通玻璃的生产过程一样，生产工艺有熔融法、烧结法、压延法、溶胶-凝胶法、浮法等。作为建筑装饰用的微晶玻璃，集玻璃的光洁晶亮与花岗岩的华丽质感于一体，具有极佳的视觉美感，是现代建筑行业理想的高档绿色环保装饰材料，以其特有的优良性能和高雅气派受到越来越多的消费者青睐。

作为建筑材料中的"高端"产品，建筑微晶玻璃已经得到国内外建筑师的青睐和广泛认同，也使微晶玻璃在建筑工程中得到了广泛应用：

a. 利用微晶玻璃装饰板代替天然大理石或花岗岩等用作装饰材料，可用于外墙、内墙、地板、楼梯踏板、立柱贴面、大厅柜台面、卫生间台面等部位。

b. 作为结构材料，可用于阳台、门窗、分隔墙体等场合。

c. 其他用途，如制作各种高档家具、制作高档珍贵工艺品等。现已用于机场、车站、办公大楼、地铁、宾馆、酒店等高档公用建筑和别墅等高档住房场所，如日本东京火车站、我国台湾桥福第一信托大楼、广州地铁、首都机场、上海国际会议中心、天津开发区外商投资服务中心、深圳赛格广场等。此外，在防腐工程中，可用微晶玻璃装饰板代替铸石砌筑耐酸池、储槽、电解槽；造纸工业的蒸煮锅、酸性水解锅、硫酸吸收塔、氯气干燥塔、反应器；石油化工设备的内衬等，以及防酸性气体和液体的地面、墙壁；其他行业也有大量的工业防腐工程。

⑦ 自洁净玻璃

自洁净玻璃是一种新型的生态环保型玻璃制品，从表面上看与普通玻璃并无差别，但是通过在普通玻璃表面镀上一层锐钛矿型纳米 TiO_2 晶体的透明涂层后，玻璃在紫外线照射下会表现出光催化活性、光诱导超亲水性和杀菌的功能。通过光催化活性可以迅速将附着在玻璃表面的有机污物分解成无机物而实现自洁净，而光诱导超亲水性会使水的接触角在 5°以下而使玻璃表面不易挂住水珠，从而隔断油污与 TiO_2 薄膜表面的直接接触，保持玻璃的自身洁净。

自洁净玻璃可应用于高档建筑物的室内浴镜、卫生间整容镜、高层建筑物的幕墙、照明玻璃、汽车玻璃场所。用自洁净玻璃制成的玻璃幕墙可长久保持清洁明亮、光彩照人，并大大减少保洁费用。

新型安全环保玻璃贴膜玻璃由于其特殊的安全防爆防弹性、防紫外线和有害射线等性能受到人们的青睐。

13.2　建筑陶瓷

建筑陶瓷是用作建筑物墙面、地面，以及园林仿古建筑和卫生洁具的陶瓷制品材料，以其坚固耐久、色彩鲜艳、耐水、耐磨、耐化学腐蚀、易清洗、维修费用低等优点，成为现代主要建筑装饰材料之一。

凡是以黏土等为主要原料，经过粉碎加工、成型、焙烧等过程制成的无机多晶产品均称为陶瓷。陶瓷是陶器和瓷器的总称。陶瓷坯体可按其质地和烧结程度不同分为陶质、炻（shí）质和瓷质三种。陶器以陶土为原料，所含杂质较多，烧成温度较低，断面粗糙无光，不透明、吸水率较高。瓷器以纯的高岭土为原料，焙烧温度较高，坯体致密，几乎不吸水，有一定的半透明性。介于陶器和瓷器之间的产品为炻器，也称为石胎瓷、半瓷。炻器坯体比陶器致密，吸水率较低，但与瓷器相比，断面多数带有颜色而无半透明性，吸水率也高于瓷器。陶器、瓷器和介于二者之间的炻器的特征及主要产品见表 13-1。

表 13-1　陶瓷分类、特征及主要产品

产品种类		颜色	质地	烧结程度	吸水率（%）	主要产品
陶器	粗陶	有色	多孔坚硬	较低	>10	砖、瓦、陶管、盆缸
	精陶	白色或象牙色				釉面砖、美术（日用）陶瓷
炻器	粗炻器	有色	密坚硬	较充分	4～8	外墙面砖、地砖
	细炻器	白色			1～3	外墙面砖、地砖、陈列品
瓷器		白色半透明	致密坚硬	充分	<1	茶具、美术陈列品

常用的建筑陶瓷有釉面砖、墙地砖、陶瓷锦砖、琉璃制品、卫生陶瓷等。

1. 釉面砖

陶瓷制品分有釉和无釉。将覆盖在陶瓷制品表面上的无色或有色的玻璃态薄层称为釉。釉是用矿物原料和化工原料配合（或制成熔块）磨细制成釉浆，涂覆在坯体上，经煅烧而形成的。釉层可以提高制品的机械强度、化学稳定性和热稳定性，保护坯体不透水、不受污染，并使陶瓷表面光滑、美观，掩饰坯体缺点，提高装饰效果。釉料品种和施釉技法不同，获得的装饰效果亦不同。

釉面砖又称瓷砖、内墙面砖，是以难熔黏土为主要原料，加入一定量非可塑性掺料和助熔剂，共同研磨成浆体，经榨泥、烘干成为含一定水分的坯料后，通过模具压制成薄片坯体，再经烘干、素烧、施釉、釉烧等工序制成的，如图 13-9 所示。

釉面砖正面有釉，背面有凹凸纹，主要为正方形或长方形砖，其颜色和图案丰富，柔和典雅，表面光滑，并具有良好的耐急冷急热、耐腐蚀性、防

图 13-9　釉面砖

火、防水、防潮、抗污染及易洁性等特点。

釉面砖主要用于厨房、浴室、卫生间、实验室、精密仪器车间及医院等室内墙面、台面等。

通常釉面砖不宜用于室外，因釉面砖为多孔精陶坯体，吸水率较大，吸水后将产生湿胀，而其表面釉层的湿胀性很小，因此会导致釉层发生裂纹或剥落，严重影响建筑物的饰面效果。

2. 墙地砖

墙地砖包括建筑物外墙装饰贴面用砖和室内外地面装饰铺贴用砖，由于目前此类砖常用于墙、地，故称为墙地砖。

墙地砖是以优质陶土为原料，再加入其他材料配成生料，经半干压成型后于1100℃左右焙烧而成。墙地砖分为无釉和有釉两种。墙地砖按其正面形状可分为正方形、长方形和异型产品，其表面有光滑、粗糙或凹凸花纹之分，有光泽与无光泽质感之分。其背面为了便于和基层粘贴牢固也制有背纹。

墙地砖的特点是色彩鲜艳、表面平整，可拼成各种图案，有的还可仿天然石材的色泽和质感。墙地砖耐磨耐蚀，防火防水，易清洗，不脱色，耐急冷急热，但造价偏高，工效低。

墙地砖主要用于装饰等级要求较高的建筑内外墙、柱面及室内外通道、走廊、门厅、展厅、浴室、厕所、厨房及人流出入频繁的站台、商场等民用及公共场所的地面，也可用于工作台面及耐腐蚀工程的衬面等。

3. 陶瓷锦砖

陶瓷锦砖是陶瓷什锦砖的简称，俗称马赛克，是用优质瓷土烧成的，由边长不大于40mm、具有多种色彩和不同形状的小块砖镶拼组成各种花色图案的陶瓷制品，如图13-10所示。陶瓷锦砖采用优质瓷土烧制成方形、长方形、六角形等薄片状小块瓷砖后，通过铺贴盒将其按设计图案反贴在牛皮纸上，称作一联，每40联为一箱。陶瓷锦砖可制成多种色彩或纹点，但大多为白色砖。其表面有无釉和施釉两种，目前国内生产的多为无釉马赛克。

图 13-10　陶瓷锦砖

陶瓷锦砖具有色泽多样、图案美观、质地坚实、抗压强度高、耐污染、耐腐蚀、耐磨、耐水、抗火、抗冻、吸水率小、易清洗等特点，主要用于室内地面铺贴，由于砖块小，不易被踩碎，适用于工业建筑的洁净车间、工作间、化验室，以及民用建筑的门厅、走廊、餐厅、厨房、盥洗室、浴室等的地面铺装，并可用作高级建筑物的外墙饰面材料。

4. 琉璃制品

琉璃制品是我国陶瓷宝库中的古老珍品，以难熔黏土制坯成型后，经干燥、素烧、施釉、釉烧而成。琉璃制品质地坚硬、表面光滑、不易污染、经久耐用、色彩绚丽、造型古朴，富有中国传统的民族特色。

琉璃制品多用于园林建筑中，故有园林陶瓷之称。其产品有琉璃瓦（图13-11）、琉璃砖、琉璃兽，以及琉璃花窗、栏杆等各种装饰制件，还有陈设用的建筑工艺品，如琉璃桌、绣墩、鱼缸、花盆、花瓶等。其中，琉璃瓦是我国用于古建筑的一种高级屋面材料，但因其价格昂贵且自重大，故主要用于具有民族色彩的宫殿式房屋，以及少数纪念性建筑物；此外，还常用于建造园林中的亭、台、楼阁，以增加园林的景色。

5. 卫生陶瓷

卫生陶瓷即卫生间、厨房和实验室等场所用的带釉陶瓷制品，也称卫生洁具，如图 13-12 所示。卫生陶瓷按制品材质分为熟料陶（吸水率小于18%）、精陶（吸水率小于12%）、半瓷（吸水率小于5%）和瓷（吸水率小

图 13-11　琉璃瓦

于 0.5％）四种，其中以瓷制材料的性能为最好。熟料陶用于制造立式小便器、浴盆等大型器具，其余三种用于制造中、小型器具。各国的卫生陶瓷，根据其使用环境条件，选用不同的材质制造。

　　陶质卫生陶瓷是由黏土或其他无机非金属原料经成型、高温烧结而成的，用作卫生设备的有釉陶瓷制品。陶质卫生陶瓷的吸水率满足：8.0％＜吸水率≤15.0％。

图 13-12　卫生陶瓷

　　6. 建筑常用瓷砖的种类、性质特点及用途
　　建筑常用瓷砖的种类、性质特点及用途见表 13-2。

表 13-2　建筑常用瓷砖的种类、性质特点及用途

种类	坯体及釉层	性质特点	主要用途
内墙面砖（釉面砖）	坯体精陶质，釉层色彩稳定，分为单色（含白色）、花色、图案砖	坯体吸水率＜18%，与釉层在干湿冻融下变形不一致，只能用于室内	室内浴室、厕所、厨房台面、医院、精密仪器车间、实验室等墙面，亦可镶成壁画
外墙面砖	坯体炻质，质地坚硬、致密。无釉或有釉（彩釉砖）	坯体吸水率≤8%，抗冻性＞M25，抗压强度≥100MPa，耐磨，耐蚀，防水性持久，色彩鲜艳	外墙面层
地砖	坯体炻质，坚硬、致密。多为无釉，表面光泽差	吸水率＜4%，强度高，抗冲击，耐磨，耐蚀耐久性好，色彩为暗红、红、白、黄、深黄	通道走廊、门厅、展厅、浴室、厕所、商店等地面
锦砖（马赛克）	瓷质坯体，分有釉、无釉，按砖分单色、花两种	耐磨，耐蚀，抗渗抗冻，清洁美观	室内地面、厕所、卫生间的地面，走廊、餐厅、门厅、车间、化验室的面，外墙面高级装修

13.3　保温隔热材料

保温隔热材料是指用于阻抗热流传递的材料或材料的复合体，在建筑中，习惯将用于控制室内热量外流的材料叫作保温材料，把防止室外热量进入室内的材料叫作隔热材料，保温材料和隔热材料统称为绝热材料。保温隔热材料包括保温材料，也包括保冷材料。这种功能材料可以用于热工设备、管道、房屋的顶面和墙面，也可以应用于冷库、冷藏设备等工程，其具有优良的阻抗热流传递的功能，因而，在满足建筑空间或热工设备的热环境的同时也大大节约了能源。据统计，具有良好的绝热功能的建筑，其能源节省可达 25%～50%。保温隔热材料一般是轻质、疏松、多孔、纤维材料，按其材质和形态可以分为有机绝热材料、无机绝热材料和金属绝热材料。

13.3.1　传热方式、导热系数和比热容

1. 传热方式

了解传热方式有助于理解隔热保温材料的作用原理。热传递通常是热量

从高温区向低温区自由流动，从而引起热能量的转移。在自然界中，无论是同一种介质内部，还是不同介质之间，只要存在温度差异，就会出现热传递。传热有三种基本方式，分别为热传导、热对流和热辐射。

热传导：由温度不同的质点在热运动中引起；在固体、液体、气体中均能产生。单纯的导热仅能在密实的固体中发生。

热对流：对流是由于温度不同的各部分流体之间发生相对运动，互相掺和而传递热能，包括自然对流换热、受迫对流换热。

热辐射：过程中伴随形式能量转化，传播不需要任何中间介质，凡是温度高于绝对零度的一切物体，不论它们的温度高低，都在不间断地向外辐射不同波长的电磁波。

由热力学第二定律可知，凡是有温度差存在，热就必然从高温处传递到低温处，因此传热是自然界和工程技术领域中极普遍的一种传递现象。不管物质处在何种状态（固态、气态、液态或者玻璃态），只要物质有温度（所有物质都有温度），就会以电磁波（也就是光子）的形式向外辐射能量。这种能量的发射是由于组成物质的原子或分子中电子排列位置的改变所造成的。实际传热过程一般都不是单一的传热方式，如煮开水过程中，火焰对炉壁的传热，就是辐射、对流和传导的综合。

2. 导热系数

导热系数 λ 是衡量材料导热能力的一个重要物理指标，代表材料自身传导能力的大小。从物理意义上讲，它是指在稳定的传热条件下，当材料层单位厚度内的温差为 $1℃$ 时，在 $1s$ 内通过 $1m^2$ 表面积的热量。由此可知，导热系数越大，材料的保温性能越差，反之材料的保温性能越好。导热系数公式如式（13-1）所示：

$$\lambda = \frac{Qa}{At(T_2 - T_1)} \tag{13-1}$$

式中　λ——导热系数，W/（m·K）；

　　　Q——总传热量，J；

　　　A——材料厚度，m；

　　　a——热传导面积，m^2；

　　　t——热传导时间，h；

$T_2 - T_1$——材料两面温度差，K。

材料的导热系数越大，其传导的热量就越多。影响材料导热系数的主要因素有材料的物质构成及结构、孔隙构造、湿度、温度等。

（1）物质构成及结构：材料的物质构成不同，其导热系数有很大差异，通常金属的导热系数最大，一般在 2.31～419W/（m·K）。其次为非金属，液体较小，气体则更小。在非金属材料范围内，通常有机材料的导热率都低于无机材料。即使成分相同而结构不同的材料，其导热率也不一样。一般晶体结构材料的导热系数最大，微晶体次之，玻璃结构最小。由此可见，可以改变材料的物质结构，降低其导热系数，从而起到更好的保温隔热作用。

（2）孔隙构造：由于固体物质的导热系数比空气的导热系数大得多，一般来说，材料的孔隙越多，孔隙结构越大，导热系数就越小。

（3）湿度：因为固体导热最好，液体次之，气体最差，因此，材料受潮会使导热系数增大。若水结冰，材料导热系数会进一步增大，因为冰的导热系数比水的导热系数更大。为了保证保温效果，对绝热材料要特别注意防潮。

（4）温度：材料的导热系数随温度升高而增大。因此，绝热材料在低温下的使用效果更佳。

3. 比热容

材料受热（或冷却）时吸收（或放出）热量的性质称为材料的热容量，用比热容 c 表示，比热容的计算式为式（13-2）。

$$c = \frac{Q}{m(T_2 - T_1)} \tag{13-2}$$

式中　c——材料比热容，J/（g·K）；

　　　Q——材料吸收或放出的热量，J；

　　　m——材料的质量，g；

$T_2 - T_1$——材料受热或冷却前后温差，K。

比热容指质量为 1g 的材料，当温度升高（或降低）1K 时所吸收（或释放）的热量。

比热容与材料质量之积称为材料的热容量值，它表示材料温度升高或降低 1K 所吸收或放出的热量。热容量值大的材料，本身能吸入或储存较多热量，对保持室内温度有良好的作用，并减少能耗。材料中热容量最大的是水，其比热容 $c=4.19$J/（g·K）；因此，蓄水的平屋顶能使室内冬暖夏凉。几种典型材料的导热系数、比热容见表 13-3。

表 13-3　几种典型材料的热工性质

材料	导热系数 λ [W/（m·K）]	比热容 c [×10³J/（kg·K）]
铜	370	0.38
钢	55	0.45

材料	导热系数 λ [W/ (m·K)]	比热容 c [×10³J/ (kg·K)]
花岗石	2.9	0.80
普通混凝土	1.8	0.88
烧结普通砖	0.55	0.84
松木（横纹）	0.15	1.63
冰	2.20	2.05
水	0.60	4.19
静止空气	0.029	1.00
泡沫塑料	0.03	1.30

土木工程中，常把导热系数小于 0.175W/ (m·K) 的材料称为绝热材料。选用绝热材料时，一般要求其导热系数不大于 0.175W/ (m·K)，表观密度在 600kg/m³ 以下，抗压强度不小于 0.3MPa。在实际应用中，由于绝热材料抗压强度一般都很低，常将绝热材料与承重材料复合使用。另外，由于大多数绝热材料都具有一定的吸水、吸湿能力，故在实际使用时应注意防潮。

13.3.2 常用的绝热材料

1. 岩棉管

岩棉管是一种主要应用于管道的岩棉保温材料，是以天然玄武岩为主要原料，经高温熔融后，由高速离心设备制成人造无机纤维，同时加入特制的胶粘剂和防尘油，再经加温固化，制作成各种规格、不同要求的岩棉保温管。它多用于石油化工、冶金、船舶和纺织等工业的锅炉或者设备管道进行保温，有时在建筑行业中的隔墙、室内的顶棚和墙体的保温等多种绝热保温中得到广泛的使用。

2. 玻璃棉

玻璃棉属于玻璃纤维中的一个类别，是一种人造无机纤维。采用石英砂、石灰石、白云石等天然矿石为主要原料，配合一些纯碱、硼砂等化工原料熔成玻璃。在融化状态下，借助外力吹制式甩成絮状细纤维，纤维和纤维之间为立体交叉，互相缠绕在一起，呈现出许多细小的间隙。这种间隙可看作孔隙。因此玻璃棉可被视为多孔材料，具有良好的绝热、吸声性能。它拥有成型性良好、体积密度较小、导热率较低等特性。玻璃棉的耐腐蚀性能极高，在化学腐蚀的环境中有着良好的化学性能。玻璃棉适用于空调的保温、排风管的保温、锅炉的保温和蒸汽管道的保温。

3. 硬质聚氨酯泡沫塑料

硬质聚氨酯泡沫塑料是一种新型高分子合成材料,具有质量轻、比强度高、导热系数小、隔热性能好等特点,被广泛应用于造船、建筑、石化、化工的工艺管道、设备和储罐绝热、保温、保冷,以及军工科研、室内空调等,是一种运用很广的管道保温材料。较低密度的聚氨酯硬泡沫主要用作隔热(保温)材料,较高密度的聚氨酯硬泡沫可用作结构材料(仿木材)。

4. 泡沫玻璃

泡沫玻璃又称多孔玻璃或发泡玻璃,是一种气孔率在90%以上、由均匀的气孔组成的隔热玻璃。根据所用发泡剂的化学成分的差异,在泡沫玻璃的气相中所含有的气体可为碳酸气、一氧化碳、硫化氢、氧气、氮气等,其气孔尺寸为 $0.1 \sim 5mm$,且绝大多数气孔是独立的。泡沫玻璃的表观密度为 $150 \sim 600 kg/m^3$,导热系数为 $0.058 \sim 0.128 W/(m \cdot K)$,抗压强度为 $0.8 \sim 15 MPa$,最高使用温度为 $300 \sim 400℃$(采用普通玻璃)、$800 \sim 1000℃$(采用无碱玻璃)。由于它的气孔结构具有硼硅酸盐的物理性质,用作隔热材料具有不透气、不燃烧、不变形、不变质、不污染食品等特点。因此,它不仅用作室内外的不燃性隔热材料,还用于食品冷冻发酵和酿造设备、液面计的浮标等。发泡玻璃的制造采用粉末烧结法,在玻璃微粉中添加发泡剂并混合,于热容器中加热、膨胀后退火,制得成品。

5. 微孔硅酸钙

微孔硅酸钙是以石英砂、普通硅石或活性高的硅藻土及石灰为原料经过水热合成的绝热材料。其主要水化产物为托贝莫来石或硬硅钙石,是一种新型保温材料,以硬硅钙石为主要水化产物的微孔硅酸钙,其表观密度约为 $230 kg/m^3$,导热系数约为 $0.056 W/(m \cdot K)$,最高使用温度约为 $1000℃$。微孔硅酸钙具有重度小、导热系数低、抗折、抗压强度高、耐热性好、无毒不燃、可锯切、易加工、不腐蚀管道和设备等优点,是最受电力、石油、化工、冶金等部门欢迎的新型硬质保温材料。

6. 热反射玻璃

热反射玻璃是由无色透明的平板玻璃镀覆金属膜或金属氧化物膜而制成的,又称镀膜玻璃或阳光控制膜玻璃。该玻璃的热反射率可达40%,可起绝热作用。热反射玻璃多用于门、窗、橱窗上,近年来被广泛用作高层建筑的幕墙玻璃。

7. 陶瓷纤维

陶瓷纤维是一种纤维状轻质耐火材料,以氧化硅、氧化铝为原料,经高温熔融、喷吹制成。其纤维直径为 $2\sim4\mu m$，表观密度为 $140\sim190kg/m^3$，导热系数为 $0.044\sim0.049W/（m·K）$，最高使用温度为 $1100\sim1350℃$，具有质量轻、耐高温、热稳定性好、导热率低、比热小及耐机械振动等优点，因而在机械、冶金、化工、石油、陶瓷、玻璃、电子等行业都得到了广泛应用。近几年由于全球能源价格的不断上涨，节能已成为中国国家战略，在这样的背景下，比隔热砖与浇注料等传统耐材节能达 $10\%\sim30\%$ 的陶瓷纤维在我国得到了更多更广的应用，发展前景非常好。

13.4 吸声隔声材料

声音源于物体的振动，引起邻近空气的振动面形成声波，并在空气介质中向四周传播。

当声音传入构件材料表面时，声能一部分被反射，一部分穿透材料，还有一部分由于构件材料的振动或声音在其中传播时与周围介质摩擦，由声能转化成热能被损耗，即通常所说的声音被材料吸收。

目前，城市噪声日趋严重，通常当声音大于 120dB 时，将危害人体健康，当建筑物室内的声音大于 50dB 时，建筑师就应该考虑采用隔声材料降低噪声。

13.4.1 吸声材料

1. 吸声性

当声波传播到材料的表面时，一部分声波被反射，另一部分穿透材料，其余部分则传递给材料。对于含有大量连通孔隙的材料，传递给材料的声能在材料的孔隙中，引起空气分子与孔壁的摩擦和黏滞阻力，使相当一部分声能转化为热能而被材料吸收或消耗。声能穿透材料和被材料消耗的性质称为材料吸声性，评定材料吸声性能好坏的主要指标称为吸声系数 α。吸声系数 α 的计算公式如式（13-3）所示。

$$\alpha = \frac{E_a + E_\tau}{E_o} \tag{13-3}$$

式中　E_a——穿透材料的声能；

　　　E_τ——材料消耗的声能；

　　　E_o——入射到材料表面的声能。

当 $\alpha=0$ 时，表示声能全反射，材料不吸声；当 $\alpha=1$ 时，表示材料吸收了全部声能，没有反射。一般材料的吸声系数在 $0\sim1$ 之间，吸声系数 α 越大，表明材料吸声性能越好。影响材料吸声效果的因素有：材料的表观密度和声速，材料的孔隙构造，材料的厚度等。

吸声系数是评定材料吸声性能好坏的主要指标。材料的吸声性能除与声波的方向有关外，还与声波的频率有关。同一种材料，对高、中、低不同频率的吸声系数不同，通常取 125Hz、250Hz、500Hz、1000Hz、2000Hz、4000Hz 的吸声系数表示材料吸声的频率特性。凡以上 6 个频率的平均吸声系数大于 0.2 的材料将称为吸声材料，大于 0.5 的材料是理想的吸声材料。表 13-4 是常用材料的吸声系数。

表 13-4　常用材料的吸声系数

材料	厚度 (cm)	各种频率（Hz）下的吸声系数						装置情况	
		125	250	500	1000	2000	4000		
无机材料：									
吸声砖	6.5	0.05	0.07	0.10	0.12	0.16	—	贴实	
石膏板（有花纹）	—	0.03	0.05	0.06	0.09	0.04	0.06	贴实	
水泥蛭石板	4.0	—	0.14	0.46	0.78	0.50	0.60	贴实	
石膏砂浆（掺水泥、玻璃纤维）	2.2	0.24	0.12	0.09	0.30	0.32	0.83	墙面粉刷	
水泥膨胀珍珠岩板	5	0.16	0.46	0.64	0.48	0.56	0.56	贴实	
水泥砂浆	1.7	0.21	0.16	0.25	0.40	0.42	0.48	墙面粉刷	
砖（清水墙面）	—	0.02	0.03	0.04	0.04	0.05	0.05	贴实	
木质材料：									
软木板	2.5	0.05	0.11	0.25	0.63	0.70	0.70	贴实	
木丝板	3.0	0.10	0.36	0.62	0.53	0.71	0.90	钉在龙骨上	后留 10cm 空气层
三夹板	0.3	0.21	0.73	0.21	0.19	0.08	0.12		后留 5cm 空气层
穿孔五夹板	0.5	0.01	0.25	0.55	0.30	0.16	0.19		后留 5~10cm 空气层
木丝板	0.8	0.03	0.02	0.03	0.03	0.04	—		后留 5cm 空气层
木质纤维板	1.1	0.06	0.15	0.28	0.30	0.33	0.31		后留 5cm 空气层
泡沫材料：									
泡沫玻璃	4.4	0.11	0.32	0.52	0.44	0.52	0.33	贴实	
泡沫水泥（外面粉刷）	2.0	0.18	0.05	0.22	0.48	0.22	0.32	紧靠基层粉刷	
吸声蜂窝板	—	0.27	0.12	0.42	0.86	0.48	0.30	贴实	
泡沫塑料	1.0	0.03	0.06	0.12	0.41	0.85	0.67	贴实	
纤维材料：									
矿棉板	3.13	0.10	0.21	0.60	0.95	0.85	0.72	贴实	

材料	厚度 (cm)	各种频率（Hz）下的吸声系数						装置情况
		125	250	500	1000	2000	4000	
玻璃棉	5.0	0.06	0.08	0.18	0.44	0.72	0.82	贴实
酚醛玻璃纤维板	8.0	0.25	0.55	0.80	0.92	0.98	0.95	贴实
工业毛毡	3.0	0.10	0.28	0.55	0.60	0.60	0.56	紧靠墙面

2. 吸声材料及构造

（1）多孔吸声材料

多孔吸声材料内部有大量的微孔和间隙，而且这些微孔应尽可能细小并在材料内部是均匀分布的。材料内部的微孔应该是互相贯通的，而不是密闭的，单独的气泡和密闭间隙不起吸声作用，微孔向外敞开，使声波易于进入微孔内。声波进入材料内部互相贯通的孔隙，空气分子受到摩擦和黏滞阻力，使空气产生振动，从而使声能转化为机械能，最后因摩擦而转变为热能被吸收。这类多孔材料的吸声系数一般从低频到高频逐渐增大，故对中频和高频的声音吸收效果较好。

（2）柔性吸声材料

具有密闭气孔和一定弹性的材料（如泡沫塑料），声波引起的空气振动不易传至其内部，只能相应地产生振动，在振动过程中由于克服材料内部的摩擦而消耗了声能，引起声波衰减。这种材料的吸声特性是在一定的频率范围内出现一个或多个吸收频率。

（3）穿孔板共振吸声结构

穿孔的各种材质薄板周边固定在龙骨上，并在背后设置空气层即成穿孔板组合共振吸声结构。采用穿孔的石棉水泥、石膏板、硬质纤维板、胶合板，以及钢板、铝板，都可作为穿孔板共振吸声结构。这种吸声结构具有适合中频的吸声特性，使用相当普遍。

（4）薄膜吸声结构

薄膜吸声结构包括皮革、人造革、塑料薄膜等材料，具有不透气、柔软、受张拉时有弹性等特性，吸收共振频率附近的入射声能，共振频率通常在 $200\sim1000\mathrm{Hz}$，最大吸声系数为 $0.3\sim0.4$。如果在薄膜的背后空腔内填放多孔材料，其吸声特性取决于膜和多孔材料的种类及薄膜的装置方法。

（5）帘幕吸声体

帘幕是具有通气性能的纺织品，具有多孔材料的吸声特性，由于较薄，本身作为吸声材料使用是得不到大的吸声效果的。如果将它作为帘幕，离开墙面或窗洞一定距离安装，恰如多孔材料的背后设置了空气层，因而在中高频就能够具有一定的吸声效果。

（6）空间吸声体

将吸声材料做成空间的立方体如平板形、球形、圆锥形、棱锥形或柱形，使其多面吸收声波，在投影面积相同的情况下，相当于增加了有效的吸声面积和边缘效应，再加上声波的衍射作用，大大提高了实际的吸声效果，其高频吸声系数可达 1.40。在实际使用时，根据不同的使用地点和要求，可设计各种形式的从顶棚吊挂下来的吸声体。

吸声材料大多为轻质、疏松、多孔材料，孔隙在 70% 以上。常用的吸声材料有玻璃棉、岩棉、矿棉等纤维材料及板、毡、石膏板、纤维板等。

材料的吸声系数越大，吸声效果就越好。在音乐厅、影剧院、大会堂、播音室等内部的墙面、地面、顶棚等部位，适当采用吸声材料，能改善声波在室内传播的质量，保证良好的音响效果。

13.4.2　隔声材料

建筑工程中将能减弱或隔绝声波传播的材料称为隔声材料。按其声音传播的途径，隔声分为隔绝空气声和隔绝固体声。建筑中，常在建筑物的外墙、门窗、地板、隔墙等地方使用隔声材料。

隔绝空气声主要是隔绝通过空气传播的声音，主要依据声学中的"质量定律"，即材料的表观密度越大、质量越大、隔声性能越好，并通过材料的反射起到隔声效果。在建筑工程中，常用混凝土、空心砖、钢板等密度大的材料作为隔声材料，也可以在轻质或薄壁材料中辅以多孔吸声材料或夹层结构，如夹层玻璃。

隔绝固体声主要是隔绝通过固体的撞击或振动传播的声音，可通过采用不连续结构处理，吸收声音从而获得隔声效果。在建筑工程中，常用软木、橡胶、毛毡、地毯等弹性材料衬垫在墙壁和承重墙之间、房屋的框架和墙壁及楼板之间或设置空气隔离层作为隔声材料。

（1）隔声性

隔声量遵循质量定律原则，就是隔声材料的单位密集面密度越大，隔声量就越大，面密度与隔声量成正比关系。隔声量 R（又称传声损失）是表示材料隔绝空气声的能力，是在标准隔声实验室内测出的，其单位为分贝（dB）。R 越大，隔声效果就越好。

（2）隔声材料和吸声材料的区别

隔声和吸声是两个不同的概念。材料隔声着眼于入射声源另一侧的透射声能的大小，目标是透射声能要小。材料吸声着眼于声源一侧反射声能的大小，目标是反射声能要小。吸声材料对入射声能的衰减吸收，一般只有十分之几，因此，其吸声能力即吸声系数可以用小数表示。

吸声材料对入射声能的反射很小，这意味着声能容易进入和透过这种材料。这种材料的特点应该是多孔、疏松和透气，这就是典型的多孔性吸声材料，在工艺上通常是用纤维状、颗粒状或发泡材料形成多孔性结构。吸声材料的结构特征如下：材料中具有大量的、互相贯通的、从表到里的微孔，也具有一定的透气性。当声波入射到多孔材料表面时，引起微孔中的空气振动，由于摩擦阻力和空气的黏滞阻力及热传导作用，将相当一部分声能转化为热能，从而起吸声作用。

隔声材料对减弱透射声能、阻挡声音传播的能力就不能像吸声材料那样强，材质也不会多孔、疏松、透气；相反，它的材质应该重而密实，如钢板、铅板、砖墙等一类材料。隔声材料材质的要求是密实无孔隙或缝隙，有较大的质量。由于这类隔声材料密实，难以吸收和透过声能而反射能强，所以它的吸声性能差。

隔声材料着眼于隔绝噪声，吸声材料着重于降噪，调节噪声。采用隔声材料或隔声构造隔绝噪声的效果比采用吸声材料的降噪效果好得多。当一个房间内的噪声源可以被分隔时，应首先采用隔声措施；当声源无法隔开又需要降低室内噪声时才采用吸声措施。

吸声材料的特有作用更多地表现在缩短、调整室内混响时间的能力上，这是其他材料代替不了的。对诸如电影院、会堂、音乐厅等大型厅堂，可按其不同听音要求，选用适当的吸声材料，结合体型调整混响时间，达到听音清晰、丰满等不同主观感觉的要求。从这一点上说，吸声材料显示了它特有的重要性，所以通常说的声学材料往往指的就是吸声材料。

吸声和隔声有着本质上的区别，在具体的工程应用中，它们却常常结合在一起，发挥综合的降噪效果。从理论上讲，加大室内的吸声量相当于提高了分隔墙的隔声量。如隔声房间、隔声罩、由板材组成的复合墙板、交通干道的隔声屏障、车间内的隔声屏、管道包扎等。

如单独使用吸声材料，可以吸收和降低声源所在房间的噪声，但不能有效地隔绝来自外界的噪声。组合使用吸声材料和隔声材料，或者将吸声材料作为隔声构造的一部分，一般都会提高隔声结构的隔声量。

参考文献

[1] 彭小芹. 土木工程材料 [M]. 3 版. 重庆：重庆大学出版社，2013.

[2] 张中. 建筑材料检测技术手册 [M]. 北京：化学工业出版社，2011.

[3] 刘忠伟，马眷荣，罗忆. 建筑玻璃应用技术 [M]. 北京：化学工业出版社，2005.

[4] 石棋，李月明. 建筑陶瓷工艺学 [M]. 武汉：武汉理工大学出版社，2007.

[5] 孙武斌. 建筑材料 [M]. 北京：清华大学出版社，2009.

[6] 陈斌，江世永. 建筑材料 [M]. 3 版. 重庆：重庆大学出版社，2018.

14

建筑材料发展趋势

14.1 建筑材料特征的发展趋势

新型建筑材料在当前的发展中不断将可再生资源融入其中，不仅可以缓解我国资源紧张的现实状况，还能降低对环境的污染。在传统的建筑材料生产中，对树木、不可再生资源等的过度开采，导致当前我们面临着严峻的资源形势，甚至有些行业因为资源短缺受到了严重的限制。基于此种背景，新型建筑材料的研发要与资源循环、提升资源利用率相结合，降低污染，促进可持续发展战略的实施。

14.1.1 绿色环保化

未来绿色材料主要包含生态建筑材料及环保建筑材料等，主要采用清洁技术进行生产，尽可能减少对资源的浪费及环境的污染。新型绿色建筑材料是在全生命周期管理理论的基础之上发展而来的，强调尽可能减少有毒有害气体、污水、固体废弃物的排放，减少建筑材料的辐射性，在回收利用周期实现之前，尽可能提高建筑材料的寿命，并且达到优化回收利用的目的。从目前的发展来看，建筑新型绿色材料主要有节能、节地、节水、节材四个基本特点，可以与自然和谐共生。

建筑绿色材料具有自我净化和修复环境的基本功能，可以尽可能对天然化石材料减少利用，通过人造等方式对自然资源环境进行保护，并且对建筑工程项目产生的废渣、垃圾等进行优化，减少碳的排放。通过污水循环系统、中水再利用系统、固体废弃垃圾循环、噪声控制系统等，提高资源的利用效率，降低生产过程及建筑使用过程中造成的污染。此外，应用新型绿色建筑材料还可以增加建筑的多样性，改善建筑的外观，提高建筑材料的安全耐用性，对人体健康进行保护。

在未来，低碳经济将成为社会经济发展的主流，因而新型绿色建筑材料有着非常广阔的市场发展前景。将更多资源投入新型绿色建筑材料的开发中，进行资源节约型、能源节约型、环境友好型、空间绿色建材的相应探索与研发，可以进一步降低建筑材料所造成的污染，减少建筑材料的毒害作用、放射性作用，与周围环境和谐共生。

14.1.2　智能自动化

1. 智能化

从中国古人发现天然磁铁，到如今科学家应用的超导材料，磁性材料已经深入我们的生活。将磁性材料移入建筑，可能创造出可调控的空间。利用磁性材料，建筑结构的主体支撑部分将不再是一成不变的钢筋混凝土，而是可根据电流等控制的磁场。未来的墙体与墙体之间、楼顶面与地面之间的距离是可调控的，不再需要电梯和楼梯，在建筑内部可乘坐磁性材料随意到达目的地。建筑不再是一成不变的姿态，而是可以根据我们的需要而瞬时变化的。在考虑磁场对人体健康影响的前提下，也许在遥远的将来，随着技术的进一步成熟，磁性材料应用于建筑将成为可能。

在建筑产生之初，建筑光环境就作为建筑的一个不可或缺方面，与建筑相伴相生。目前，光在建筑上的应用主要体现在建筑内部采光环境、建筑外部形体光影变化及建筑夜晚的照明设计等。我们可以大胆假设，在遥远的未来，在激光技术和导光材料的不断发展下，建筑将与光更完美地结合。利用光技术建设的虚拟墙将用于装饰、多媒体展示及分割空间、隐藏管道等。光技术与磁性材料相结合还可以构建各种家具。这种家具并不像现在家具那样是固定的、实物的家具，而是利用光勾画家具的空间形态，用磁性材料创造可使用的家具。在遥远的未来，光与磁性材料和智能化相结合将把室内空间变成可调控的、流光溢彩的、充满高科技和梦幻色彩的世界。

2. 自动化

随着人类智能化的发展，智能化材料也被人们重视和研发。所谓智能化材料，即材料本身具有自我诊断和预告破坏、自我调节和自我修复的功能，以及可重复利用性。这类材料在内部发生某种异常变化时，能将材料的内部状况如位移、变形、开裂等情况反映出来，以便人们在破坏前采取有效措施；同时，智能化材料能够根据内部的承载能力及外部作用情况进行自我调整。例如吸湿放湿材料，可根据环境的湿度自动吸收或放出水分，能保持环境湿度平衡；再如自动调光玻璃，可根据外部光线的强弱，调整进光量，满足室内的采光和健康要求。智能化材料还具有类似于生物的自我生长、新陈代谢的功能，对破坏或受到伤害的部位进行自我修复。当建筑物解体的时候，材料本身还可重复使用，减少建筑垃圾。目前这类材料的研究开发处于起步阶段，关于自我诊断、预告破坏和自我调节等功能已有初步成果。

14.1.3　积极融入创新技术

强化创新技术在新型建筑材料研发和制作工作中的应用是我国建筑材料未来发展的趋势之一。现阶段，我国新型建筑材料的研发工作取得了一定的成果，但是不断强化创新技术在新型建筑材料的研发和制作中的应用仍然具有非常重要的现实意义，这样才能够不断提升建筑材料的综合性能及进一步降低能源的消耗，例如太阳能技术的应用。可见创新技术的应用，使建筑材料的使用价值得到了进一步的提升。

14.1.4　向产业化、规模化方向发展

新型建筑材料的产业化和规模化发展是其必然的未来发展趋势。我国新型建筑材料的研发时间尚短，所以应该多吸取他国的宝贵经验并与我国市场需求相结合，以及不断将一些新型的建筑材料投入市场中，最后逐渐实现新型建筑材料的产业化和规模化发展。

14.2　未来新型建筑材料

随着科学技术不断发展，新型建筑材料的获取、加工和复杂建筑结构的建造技术难度将逐步降低。未来社会物质财富极大丰富，人们也会有更多的选择。不同职业、不同文化背景、不同年龄层次的人，会有不同的生活习惯、兴趣爱好、思维方式和价值取向。未来建筑设计理念中高科技美学、生态美学、惯性审美取向和后工业社会美学等必然异彩纷呈，百家争鸣。在这样的社会背景下，建筑风格和形式必然呈现多样化的趋势。

另外，人类活动范围的扩展推动了各种新型建筑形式的诞生，例如人类太空活动需要建造月球基地、空间站等，海洋贸易和地下空间的利用催生海上建筑、未来地下建筑等的诞生。未来将在建筑物外形、功能和服役环境差异化、极端化、复杂化等方面对未来建筑材料的组分和性能提出新的要

求，为此建筑材料需要持续推陈出新，不断发展，拓宽未来建筑的设计自由程度，延伸人类的生产和活动空间。

14.2.1 3D打印建筑材料

3D打印技术是一种低碳排放、低噪声、低能源消耗的制造技术，具有自动化和数字化特点，成型过程中无须模具，快速高效，节省材料。作为制造业升级的关键一环，3D打印技术能够有效缩短工程建设周期，进而提升建筑设计的操作空间，在传统的建筑技术领域具有应用潜力，受到科研工作者和国家的大力支持。

3D打印建筑技术所使用的材料主要为水泥基浆体或砂浆。1997年，美国纽约伦斯勒理工学院首次选择沉积砂和波特兰水泥制备3D打印砂浆，此后经过美国南加州大学、瑞士苏黎世联邦理工学院、英国拉夫堡大学等高校的推动，3D打印技术的研究与应用呈指数形式快速发展，并进入高速发展阶段。

受限于打印分辨率与打印喷嘴尺寸，3D打印建筑材料往往不含有粗集料，为了获得良好的体积稳定性，需要同时加入纤维材料。为了改善打印材料在不同场合下的触变性，通常需要加入少量功能性外加剂组分，如缓凝剂、促凝剂、黏度改性剂和纳米材料等。根据所采用的水泥类型的不同，3D打印水泥基材料可分为硅酸盐水泥体系、地聚合物体系、硫铝酸盐水泥体系、氯氧镁水泥体系和磷酸盐水泥体系。制备3D打印水泥基材料时，配合比设计原则和理论与传统水泥基材料有所不同，除了需要满足低碳环保、良好工作性能、力学性能和耐久性能要求外，还要有针对性地设计层间黏结力、静/动态屈服应力、塑性黏度、环境敏感性和各向异性等参数。

打印材料性能是3D打印建筑技术的核心技术和发展突破口。目前普遍采用的水泥基打印材料存在抗拉强度低、韧性差、抗裂性能不良、构件脆性高等不足。3D打印设备主要依靠"逐层叠加"的步骤层层堆积打印材料，若凝结时间过长，下层材料不具有足够强度和刚度，上层材料的质量将令下层材料出现堆积变形，影响构件尺寸精度和稳定性。开发具有较高抗拉强度、抗裂性能良好、韧性强、初凝时间较短的打印材料，是3D打印建筑技术发展的关键。

总体而言，3D打印建筑技术能够有效解决传统建筑施工中存在的模板用量大、手工作业多、复杂线条造型构件难以施工等问题，具有智能化、数字化、机械自动化等特点，在建筑个性化设计、智能化建造方面具有突出优势。

3D打印建筑技术的研究与实践推广,对我国工程建设机械化、智能化、装配化和绿色化的现代建筑产业布局具有重要意义。

14.2.2 月球基地建筑材料

"上九天揽月"一直是中华民族孜孜不倦地追求的梦想。"嫦娥五号"实现在月球背面软着陆并取回月球岩石、土壤样品,标志着我国探月工程"绕、落、回"三步走的收官之战圆满结束,月球基地建造将成为我国未来深空探测的关键发展目标之一。《中国至2050年空间科技发展路线图》(2009)明确提出,中国将在2030年前后建造月球基地,实现载人登月。

现阶段,月球基地的建造工作存在鲜明的技术特点。月球基地的建设需要大量建筑原材料,地球-月球之间的运输成本高昂,且月球自身含有丰富的岩石和土壤资源,可从月岩加工提取金属。NASA的月球探测器表明月球永久阴影区存在水冰资源,因此原位利用月球资源作为建筑材料是建立、运行和维护月球基地的首要选择。另外,月球存在真空、辐射、微陨石、微重力、昼夜温差大等特殊环境,对月球原位资源获取、材料的施工和服役性能造成严峻考验。

为了不断完善月球基地建设方案,不同学者对月球建筑材料的获取和加工进行深入探索,形成了一系列研究成果,包括月壤混凝土、月壤烧结、月壤黏结和月壤袋约束等。月壤混凝土以月球玄武岩等为粗集料,采用"集料+水泥+水"或"集料+硫黄"等途径进行配制,形成聚合物混凝土、3D打印混凝土乃至地聚合物基月球混凝土3D打印技术。月壤烧结是采用激光、太阳能、微波等加热月壤,令月壤在高温烧结、固化,形成月壤砖。月壤黏结是利用胶粘剂对月壤粉末逐层黏结以形成建筑材料。月壤袋约束是使用柔性编织袋装填月壤,通过堆叠等方式形成拱结构建筑材料。

月球建筑材料的研发是国际探月工程领域中具有重要理论意义的科学前沿问题,月壤资源原位利用和高效建筑技术探索是关键技术难题。为开发可在月球环境服役的建筑材料,需要通过自主或多方合作的方式建立建筑材料、结构与性能理论体系,服务于探月工程和太空资源开发,最终实现登月常驻的伟大设想。

14.2.3 海洋建筑材料

15—17世纪的"地理大发现"将世界连接成一个整体,海洋对人类社会的塑造作用及其对国家的战略价值日益凸显,各临海国家均致力于推进海洋强国战略。继信息革命后，海洋工业革命或将成为人类历史上的下一次发展浪潮。

人类活跃的海洋活动离不开各种海上建筑和交通设施的支撑，例如海港工程、岛礁建设、桥梁与隧道、海工油气平台开发等。从陆地走向近海、海面乃至远海、海底，需要建设人工岛、海上悬浮城市和海底城市等。潮湿、水位起伏、富含各种离子的海水环境对海洋建筑材料的性能提出与陆地环境截然不同的要求。为了提高海洋建筑的服役性能，国内外学者对防水、抗侵蚀材料进行广泛研究。目前，我国开发了海工硅酸盐水泥，建立"高抗蚀、低收缩、早强快硬"的海工水泥基材料新体系、评价标准和生产示范；利用海砂、珊瑚石、海水制备高性能混凝土的技术获得长足的发展；"蛟龙"号潜水器装备了空心玻璃微珠和环氧树脂，满足了深海高压环境对材料的严苛要求；中国科学技术大学通过多孔陶瓷表面疏水改性研究，制备超疏水、高气孔率、隔声和隔热的轻质自清洁建筑材料，可解决海洋建筑面临的各种腐蚀作用。为了提高混凝土结构在海洋环境中的服役寿命，有学者提出采用纤维增强复合材料（FRP）制备筋材以替代钢筋，杜绝氯离子和硫酸根离子等有害离子的腐蚀作用。

为了克服水文环境（海水的温度、密度、盐度和洋流等）、大气环境（温度、湿度、风速、气压、日照、海雾和降雨等）、海洋生物（大型凶猛动物和微生物等）和海洋灾害（浮冰、海底火山、地震和海啸等）等各种因素对海洋建筑物的不利作用，需要不断开发各种功能差异化的先进建筑材料，例如碳纳米管、气凝胶隔热材料、温控反应瓷砖、二氧化碳建筑材料、自修复混凝土等。在未来的建筑材料研究中，需要利用先进科技手段减少或排除上述因素的干扰，使世界不同海洋区域均可因地制宜地建造海洋建筑，为人类拓宽生产生活空间提供新的选择。

14.2.4 未来地下建筑材料

地下空间指城市向下发展，被称为人类的"第二空间"，这逐渐成为城市发展的方向。保罗·迈蒙提出的"地下新巴黎城方案"就是城市向下发展的典型例子：利用塞纳河下的地下空间为巴黎增加 $300hm^2$ 的使用面积，将地上空间和地下空间连接在一起，形成整体，为大城市改造拓展了一条新的思路。有建筑师提出将人工开采形成的矿井或自然形成的岩洞、溶洞、地缝等开发成可供生活的地下空间。对矿井的改造，不仅可以因地制宜地利用地下空间，还可以改善因开采造成的地质、地貌的破坏，维护生态的良性发展，做到与环境共生。例如，刚果卢本巴希铜矿矿坑的"材料加工机器"概念设计项目。该矿坑预计将于 21 世纪上半叶停止生产，该项目将其设计成一个巨大的城市空间。

世界自然基金会研究发现，到 2050 年，全球将有 3.5 万亿美元投资于城市基础设施，利用可持续的建筑材料将大大有助于使这一基础设施尽可能清洁。记忆钢是一种聪明的材料，可以用来加固新的和现有的地下空间混凝土结构，也可以改变基础设施的设计理念。记忆钢以铁为主要构成组分，在加热过程中会收缩，对混凝土结构永久施加预应力，这意味着只需对其施加一次预应力。其他更为传统的方法要求混凝土结构中的钢筋在液压张力下进行预应力，以提高最终混凝土结构的强度和性能——后者不仅需要大量时间，而且需要大量设备和空间，所有这些都会影响生产率和可持续性。由于现有桥梁、道路和高速公路的加固往往带来自身的空间限制，记忆钢不仅可以彻底改变我们建造新基础设施的方式，还可以改变我们建设未来地下空间建筑结构的设计方法。

14.2.5 沙漠建筑材料

未来，环境不断恶化，人类人口却在不断增加。以沙漠中的建筑为例，新兴能源能够为人类提供足够的能量，让人们在自己已经变成沙漠的家园中继续生活。未来的沙漠建筑肯定能帮助人有效地抵御风沙，并能将风沙隔绝在人活动的空间范围之外。沙漠建筑可能拥有：有效的平衡与悬浮构件，以帮助它稳定地存在于流沙表层，并在风暴中维持平衡；成熟的动力装置及可滑动的底座，使它可以在沙漠上自由地移动；灵敏的信号收发装置，可与地球卫星迅捷地联系，以便于随时确定自身所处的位置，并指引行进方向。由于卫星系统的定位，即使游移不定的沙漠建筑，也能随时便捷地互相联系，运输与通信如同现代的平原城市一样便捷。之后，随着沙漠建筑的不断发展，未来的沙漠已不仅仅是人类由于特定的目的不得已才会涉足的不毛之地，而是楼宇交错、环境温馨的人类聚居地。在遥远未来，沙漠中的繁华城市、海市蜃楼都不再是神话。

参考文献

[1] 中国混凝土与水泥制品协会 3D 打印分会.2020 年度建筑 3D 打印技术与应用发展报告 [J].混凝土世界，2021（3）：28-36.

[2] 周星宇.未来建筑的发展趋势及影响因素研究 [D].天津：天津大学，2012.

［3］冯鹏，包查润，张道博，等．基于月面原位资源的月球基地建造技术［J］．工业建筑，2-21（1）：1-12.

［4］韩保恒．绿色建筑节能新材料的未来发展方向探讨［J］．中国标准化，2019，（20）：51-52.

［5］韩晨平，袁宇平，王新宇．未来城市展望——从海洋建筑到海洋城市［J］．中外建筑，2020，（08）：54-57.